胡适谈哲学与人生

胡适·著

武汉出版社
WUHAN PUBLISHING HOUSE

（鄂）新登字 08 号
图书在版编目 (CIP) 数据
胡适谈哲学与人生 / 胡适著 . —武汉：武汉出版社，2015.9
ISBN 978-7-5430-9207-5

Ⅰ . ①胡…　Ⅱ . ①胡…　Ⅲ . ①胡适（1891 ～ 1962）—哲学思想—青少年读物②胡适（1891 ～ 1962）—人生哲学—青少年读物　Ⅳ . ① B261-49 ② B821-49

中国版本图书馆 CIP 数据核字（2015）第 112394 号

书　　名：胡适谈哲学与人生

著　　者：胡　适
本书策划：李异鸣　杨　肖
特约编辑：张红玲
责任编辑：何小敏
封面设计：蜗牛的窝
出　　版：武汉出版社
社　　址：武汉市江汉区新华路 490 号　　邮　　编：430015
电　　话：(027)85606403　85600625
http://www.whcbs.com　　E-mail:zbs@whcbs.com
印　　刷：北京中振源印务有限公司　　经　　销：新华书店
开　　本：787mm × 1092mm　1/16
印　　张：18.75　　字　　数：286 千字
版　　次：2015 年 9 月第 1 版　2015 年 9 月第 1 次印刷
定　　价：45.00 元

前言

本书参考了北京大学出版社 1998 年出版的《胡适文集》，2013 年出版的《哲学与人生：胡适演讲集（四）》，以及联经出版事业公司 1985 年出版的《胡适之先生年谱长编初稿》等版本，最终以北京大学出版社 1998 年的版本为依据编得此书。

胡适是白话文先驱，他掀起了白话文运动，对中国的文化发展做出了巨大贡献。但由于白话文的初兴，许多语言尚不规范，因此文章中的许多遣词造句也与今日不同，有较多的异体字和异形词，内容上也有前后不统一的现象，标点符号的运用也不规范。为了保持原作的历史风貌，故未作大的改动。在阅读时，还望读者不要误解。

对文中的错别字，我们作了一些更改。文中的外国人名，当时译法与今时译法不同，故添加了脚注说明。且文中引用的许多典故，通过核查，也发现了一些问题，故也添加了相应的脚注进行说明。

胡适在学术的许多领域都有建树，但其自身的局限性也很大，他的著作中所表现的一些政治立场和学术观点，就反映了这一点。读者应理性判断。

编　者

目录

上卷　哲学

第一篇　中国古代哲学

第二篇　现当代哲学

目录

第二篇　观人生

附录

序

哲学与人生

讲到“哲学与人生”，我们必先研究它的定义：什么叫哲学？什么叫人生？然后才知道他们的关系。

我们先说人生。这六月来，国内思想界，不是有玄学与科学的笔战吗？国内思想界的老将吴稚晖先生，就在《太平洋杂志》上发表一篇《一个新信仰的宇宙观及人生观》。其中下了一个人生定义。他说：“人是哺乳动物中的有二手二足用脑的动物。”人生即是这种动物所演的戏剧，这种动物在演时，就有人生；停演时就没人生。所谓人生观，就是演时对于所演之态度，譬如：有的喜唱花面，有的喜唱老生，有的喜唱小生，有的喜摇旗呐喊；凡此种种两脚两手在演戏的态度，就是人生观。不过单是登台演剧，红进绿出，有何意义？想到这层，就发生哲学问题。哲学的定义，我们常在各种哲学书籍上见到；不过我们尚有再找一个定义的必要。我在《中国哲学史大纲》上卷上所下的哲学定义说：“哲学是研究人生切要的问题，从根本上着想，去找根本的解决。”但是根本两字意义欠明，现在略加修改，重新下了一个定义说：“哲学是研究人生切要的问题，从意义上着想，去找一个比较可普遍适用的意义。”现在举两个例来说明它；要晓得哲学的起点是由于人生切要的问题，哲学的结果，是对于人生的适用。人生离了哲学，是无意义的人生；哲学离了人生，是想入非非的哲学。现在哲学家多凭空臆说，离得人生问题太远，真是上穷碧落，愈闹愈糟！

现在且说第一个例：二千五百年前在喜马拉亚[①]山南部有一个小国——迦叶——里，街上倒卧着一个病势垂危的老丐，当时有一个王太子经过，在别人看到，将这老丐赶开，或是毫不经意的走过去了；但是那王太子是赋有哲学的天才的人，他就想人为什么逃不出老、病、死，这三个大关头，因此他就弃了他的太子爵位、妻孥、便嬖、皇宫、财货，遁迹入山，去静想人生的意义。后来忽然在树下想到一个解决；就是将人生一切问题拿主观去看，假定一切多是空的，那末，老、病、死，就不成问题了。这种哲学的合理与否，姑不具论，但是那太子的确是研究人生切要的问题，从意义上着想去找他以为比较普遍适用的意义。

我们再举一个例：譬如我们睡到夜半醒来，听见贼来偷东西，我那就将他捉住，送县究办。假如我们没有哲性，就这么了事，再想不到“人为什么要作贼”等等的问题；或者那贼竟苦苦哀求起来，说他所以作贼的原故，因为母老、妻病、子女待哺，无处谋生，迫于不得已而为之，假如没哲性的人，对于这种吁求，也不见有甚良心上的反动。至于富于哲性的人就要问了，为什么不得已而为之？天下不得已而为之的事有多少？为什么社会没得给他做工？为什么子女这样多？为什么老病死？这种偷窃的行为，是由于社会的驱策，还是由于个人的堕落？为什么不给穷人偷？为什么他没有我有？他没有我有是否应该？拿这种问题，逐一推思下去，就成为哲学。由此看来，哲学是由小事放大，从意义着想而得来的，并非空说高谈能够了解的。推论到宗教哲学、政治哲学、社会哲学等，也无非多从活的人生问题推衍阐明出来的。

我们既晓得什么叫人生，什么叫哲学，而且略会看到两者的关系，现在再去看意义在人生上占的什么地位？现在一般的人饱食终日，无所用心。思想差不多是社会的奢侈品。他们看人生种种事实，和乡下人到城里未看见五光十

①今译为“喜马拉雅”。

色的电灯一样。只看到事实的表面，而不了解事实的意义。因为不能了解意义的原故，所以连事实也不能了解了。这样说来，人生对于意义，极有需要，不知道意义，人生是不能了解的。宋朝朱子这班人，终日对物格物，终于找不到着落，就是不从意义上着想的原故。又如平常人看见病人种种病象，他单看见那些事实而不知道那些事实的意义，所以莫明其妙。至于这些病象一到医生眼里，就能对症下药；因为医生不单看病象，还要晓得病象的意义的原故。因此，了解人生不单靠事实，还要知道意义！

那末，意义又从何来呢？有人说：意义有两种来源：一种是从积累得来，是愚人取得意义的方法；一种是由直觉得来，是大智取得意义的方法。积累的方法，是走笨路；用直觉的方法是走捷径。据我看来，欲求意义唯一的方法，只有走笨路，就是日积月累的去做刻苦的工夫，直觉不过是熟能生巧的结果，所以直觉是积累最后的境界，而不是豁然贯通的。大发明家爱迪生有一次演说，他说，天才百分之九十九是汗，百分之一是神，可见得天才是下了番苦功才能得来，不出汗决不会出神的。所以有人应付环境觉得难，有人觉得易，就是日积月累的意义多寡而已。哲学家并不是什么，只是对于人生所得的意义多点罢了。

欲得人生的意义，自然要研究哲学史，去参考已往的死的哲理。不过还有比较更重要的，是注意现在的活的人生问题，这就是做人应有的态度。现在我举两个可模范的大哲学家来做我的结论，这两大哲学家一个是古代的苏格拉底，一个是现代的笛卡尔。

苏格拉底是希腊的穷人，他觉得人生醉生梦死，毫无意义，因此到公共市场，见人就盘问，想借此得到人生的解决。有一次，他碰到一个人去打官司，他就问他，为什么要打官司？那人答道，为公理。他复问道，什么叫公理？那人便瞠目结舌不能作答。苏氏笑道：我知道我不知你，却不知道你不知呵！后来又有一个人告他的父亲不信国教，他又去盘问，那人又被问住了。因此希腊人多恨他，告他两大罪，说他不信国教，带坏少年，政府就判他的死刑。他走出来的时候，对告他的人说："未经考察过的生活，是不值得活的。你们走你们的路，我走我的路罢！"后来他就从容就刑，为找寻人生的意义而牺牲他的生命！

笛卡尔旅行的结果，觉到在此国以为神圣的事，在他国却视为下贱；在此国以为大逆不道的事，在别国却奉为天经地义，因此他觉悟到贵贱善恶是因时因地而不同的。他以为从前积下来的许多观念知识是不可靠的，因为他们多是趁他思想幼稚的时候侵入来的。如若欲过理性生活，必得将从前积得的知识，一件一件用怀疑的态度去评估他们的价值，重新建设一个理性的是非。这怀疑的态度，就是他对于人生与哲学的贡献。

现在诸君研究佛学，也应当用怀疑的态度去找出它的意义，是否真正比较得普遍适用？诸君不要怕，真有价值的东西，决不为怀疑所毁；而能被怀疑所毁的东西，决不会真有价值。我希望诸君实行笛卡尔的怀疑态度，牢记苏格拉底所说的"未经考察过的生活，是不值得活的"这句话。那末，诸君对于明阐哲学，了解人生，不觉其难了。

胡适

上卷
哲学

第一篇　中国古代哲学

中国哲学结胎的时代

大凡一种学说，决不是劈空从天上掉下来的。我们如果能仔细研究，定可寻出那种学说有许多前因，有许多后果。譬如一篇文章，那种学说不过是中间的一段。这一段定不是来无踪影，去无痕迹的。定然有个承上启下，承前接后的关系。要不懂他的前因，便不能懂得他的真意义。要不懂他的后果，便不能明白他在历史上的位置。这个前因，所含不止一事，第一是那时代政治社会的状态；第二是那时代的思想潮流。这两种前因、时势和思潮，很难分别。因为这两事又是互相为因果的。有时是先有那时势，才生出那思潮来；有了那种思潮，时势受了思潮的影响，一定有大变动。所以时势生思潮，思潮又生时势，时势又生新思潮。所以这学术史上寻因求果的研究，是很不容易的。我们现在要讲哲学史，不可不先研究哲学发生时代的时势和那时势所发生的种种思潮。

中国古代哲学大家，独有孔子一人的生年死年，是我们所晓得的。孔子生于周灵王二十一年，当西历纪元前 551 年，死于周敬王四十一年，当西历前 479 年。孔子曾见过老子，老子比孔子至多不过大 20 岁，大约生于周灵王的初年，当西历前 570 年左右。中国哲学到了老子、孔子的时候，才可当得“哲学”两个字。我们可把老子、孔子以前的二三百年，当作中国哲学的怀胎时代。为便利起见，我们可用西历来计算如下：

前八世纪（周宣王二十八年到东周桓王二十年，西历纪元前800年到前700年）

前七世纪（周桓王二十年到周定王七年，西历前700年到前600年）

前六世纪（周定王七年到周敬王二十年，西历前600年到前500年）

这三百年可算得一个三百年的长期战争。一方面是北方戎狄的扰乱（宣王时，常与玁狁开战。幽王时，戎祸最烈。犬戎杀幽王，在西历前771年。后来周室竟东迁以避戎祸。狄灭卫，杀懿公，在前660年），一方面是南方楚吴诸国的勃兴（楚称王在前704年，吴称王在前585年）。中原的一方面，这三百年之中，哪一年没有战争侵伐的事。周初许多诸侯，早已渐渐的被十几个强国吞并去了。东迁的时候，晋、郑、鲁最强。后来鲁、郑衰了，便到了"五霸"时代。到了春秋的下半段，便成了晋楚争霸的时代了。

这三个世纪中间，也不知灭了多少国，破了多少家，杀了多少人，流了多少血。只可惜那时代的政治和社会的情形，已无从详细查考了。我们如今参考《诗经》《国语》《左传》几部书，仔细研究起来，觉得那时代的时势，大概有这几种情形：

第一，这长期的战争，闹得国中的百姓死亡丧乱，流离失所，痛苦不堪。如《诗经》所说：

肃肃鸨羽，集于苞栩。王事靡盬，不能蓺稷黍。父母何怙？悠悠苍天，曷其有所！（《唐风·鸨羽》）

陟彼屺兮，瞻望母兮。母曰："嗟！予季行役，夙夜无寐！上慎旃哉！犹来无弃！"（《陟岵》）

昔我往矣，杨柳依依。今我来思，雨雪霏霏。行道迟迟，载渴载饥。我心伤悲，莫知我哀！（《小雅·采薇》，参看《出车》《杕杜》）。

何草不黄！何日不行！何人不将，经营四方！何草不玄！何人不矜！哀我征夫，独为匪民！（《小雅·何草不黄》）

中谷有蓷，暵其湿矣！有女仳离，啜其泣矣！啜其泣矣！何嗟及矣！（《王风·中谷有蓷》）

有兔爰爰，雉离于罗。我生之初，尚无为。我生之后，逢此百罹。尚寐无吪！（《兔爰》）

苕之华，其叶青青。知我如此，不如无生！牂羊坟首，三星在罶。人可以食，鲜可以饱。（《苕之华》）

读了这几篇诗，可以想见那时的百姓受的痛苦了。

第二，那时诸侯互相侵略，灭国破家不计其数。古代封建制度的种种社会阶级，都渐渐的消灭了，就是那些不曾消灭的阶级，也渐渐的可以互相交通了。

古代封建制度的社会最重阶级。《左传》昭十年，芋尹无宇曰："天子经略，诸侯正封，古之制也。封略之内，何非君土？食土之毛，谁非君臣？……天有十日，人有十等，下所以事上，上所以共神也。故士臣公，公臣大夫，大夫臣士，士臣皂，皂臣舆，舆臣隶，隶臣僚，僚臣仆，仆臣台。马有圉，牛有牧，以待百事。"[①]古代社会的阶级，约有五等：

一、王（天子）

二、诸侯（公、侯、伯、子、男）

三、大夫

①此段出自《左传·昭公七年》。

四、士

五、庶人（皂、舆、隶、僚、仆、台）

到了这时代，诸侯也可称王了。大夫有时比诸侯还有权势了（如鲁之三家，晋之六卿。到了后来，三家分晋，田氏代齐，更不用说了），亡国的诸侯卿大夫，有时连奴隶都比不上。《国风》上说的：

式微式微，胡不归！微君之躬，胡为乎泥中！（《邶风·式微》）

琐兮尾兮，流离之子！叔兮伯兮，褎如充耳！（《邶风·旄丘》）

可以想见当时亡国君臣的苦处了。《国风》又说：

东人之子，职劳不来。西人之子，粲粲衣服。舟人之子，熊罴是裘。私人之子，百僚是试。（《小雅·大东》）

可以想见当时下等社会的人，也往往有些“暴发户”，往往会爬到社会的上层去。再看《论语》上说的公叔文子和他的家臣大夫僎同升诸公。又看《春秋》时，饭牛的宁戚，卖作奴隶的百里奚，郑国商人弦高，都能跳上政治舞台，建功立业。可见当时的社会阶级，早已不如从前的严紧了。

第三，封建时代的阶级虽然渐渐消灭了，却新添了一种生计上的阶级。那时社会渐渐成了一个贫富很不平均的社会。富贵的太富贵了，贫苦的太贫苦了。

《国风》上所写贫苦人家的情形，不止一处（参观上文第一条）。内中写那贫富太不平均的，也不止一处。如：

小东大东，杼柚其空。纠纠葛屦，可以履霜。佻佻公子，行彼周行。

既往既来，使我心疚。（《小雅·大东》）

纠纠葛屦，可以履霜。掺掺女手，可以缝裳。要之襋之，“好人”服之！“好人”提提，宛然左辟，佩其象揥。维是褊心，是以为刺。（《魏风·葛屦》）

这两篇竟像英国虎德（Thomas Hood）的《缝衣歌》的节本。写的是那时代的资本家雇用女工，把那“掺掺女子”的血汗工夫，来做他们发财的门径。葛屦本是夏天穿的，如今这些穷工人到了下霜下雪的时候，也还穿着葛屦。怪不得那些慈悲的诗人忍不过要痛骂了。又如：

彼有旨酒，又有嘉肴。洽比其邻，昏姻孔云。念我独兮，忧心殷殷！佌佌彼有屋，蔌蔌方有榖。民今之无禄，天夭是椓。哿矣富人，哀此惸独！（《小雅·正月》）

这也是说贫富不平均的。更动人的，是下面的一篇：

坎坎伐檀兮，置之河之干兮。河水清且涟猗。——不稼不穑，胡取禾三百廛兮！不狩不猎，胡瞻尔庭有县貆兮！彼君子兮，不素餐兮！（《魏风·伐檀》）

这竟是近时社会党攻击资本家不该安享别人辛苦得来的利益的话了！

第四，那时的政治，除了几国之外，大概都是很黑暗、很腐败的王朝政治。

我们读《小雅》的《节南山》《正月》《十月之交》《雨无正》几篇诗，也可以想见了。其他各国的政治内幕，我们也可想见一二。例如：

《邶风·北门》《齐风·南山》《敝笱》《载驱》

《桧风·匪风》《鄘风·鹑之奔奔》

《秦风·黄鸟》《曹风·候人》

《王风·兔爰》《陈风·株林》

写得最明白的，莫如：

人有土田，女反有之。人有民人，女覆夺之。此宜无罪，女反收之。彼宜有罪，女覆说之。（《大雅·瞻卬》）

最痛快的，莫如：

硕鼠硕鼠，无食我黍。三岁贯女，莫我肯顾。逝将去汝，适彼乐土！乐土乐土！爰得我所！（《硕鼠》）

又如：

匪鹑匪鸢，翰飞戾天。匪鳣匪鲔，潜逃于渊。（《小雅·四月》）

这首诗写虐政不可逃，更可怜了。还不如：

鱼在于沼，亦匪克乐。潜虽伏矣，亦孔之炤。忧心惨惨，念国之为虐。（《正月》）

这诗说即使人都变做鱼，也没有乐趣的。这时的政治，也就可想而知了。

这四种现象：（一）战祸连年，百姓痛苦；（二）社会阶级渐渐消灭；

（三）生计现象贫富不均；（四）政治黑暗，百姓愁怨。这四种现状，大约可以算得那时代的大概情形了。

那时代的思潮

上章所讲三个世纪的时势，政治那样黑暗，社会那样纷乱，贫富那样不均，民生那样痛苦。有了这种时势，自然会生出种种思想的反动。从前第八世纪到前第七世纪，这两百年的思潮，除了一部《诗经》，别无可考。我们可叫他做诗人时代（三百篇中以《株林》一篇为最后。《株林》大概作于陈灵公末年）。

这时代的思潮，大概可分几派：

第一，忧时派。

（例）节彼南山，维石岩岩。赫赫师尹，民具尔瞻！忧心如惔，不敢戏谈。国既卒斩，何用不监？（《节南山》）

忧心惸惸，念我无禄。民之无辜，并其臣仆。哀我人斯，于何从禄！瞻乌爰止，于谁之屋？瞻彼中林，侯薪侯蒸。民今方殆，视天梦梦。既克有定，靡人弗胜。有皇上帝，伊谁云憎？（《正月》）

彼黍离离，彼稷之苗。行迈靡靡，中心摇摇。知我者谓我心忧，不知我者谓我何求。悠悠苍天！此何人哉？（《黍离》）

园有桃，其实之殽。心之忧矣，我歌且谣。不知我者，谓我士也骄。彼人是哉，子曰何其？心之忧矣，其谁知之！其谁知之，盖亦勿思！（《园有桃》）

第二，厌世派。忧时爱国，却又无可如何，便有些人变成了厌世派。

（例）我生之初，尚无为。我生之后，逢此百罹。尚寐无吪！（《兔爰》）

隰有苌楚，猗傩其枝。夭之沃沃，乐子之无知！（《隰有苌楚》）

苕之华，其叶青青。知我如此，不如无生！（《苕之华》）

第三，乐天安命派。有些人到了没法想的时候，只好自推自解，以为天命如此，无可如何，只好知足安命罢。

（例）出自北门，忧心殷殷。终窭且贫，莫知我艰。已矣哉！天实为之，谓之何哉！（《北门》）

衡门之下，可以栖迟。泌之洋洋，可以乐饥。岂其食鱼，必河之鲂？岂其取妻，必齐之姜？岂其食鱼，必河之鲤？岂其娶妻，必宋之子？（《衡门》）

第四，纵欲自恣派。有些人抱了厌世主义，看看时势不可为了，不如“遇饮酒时须饮酒，得高歌处且高歌”罢。

（例）萚兮萚兮，风其吹女，叔兮伯兮，倡予和女。（《萚兮》，倡字一顿。）

蟋蟀在堂，岁聿其莫。今我不乐，日月其除。……（《蟋蟀》）

山有枢，隰有榆。子有衣裳，弗曳弗娄。子有车马，弗驰弗驱。宛其死矣，他人是愉。

山有漆，隰有栗。子有酒食，何不日鼓瑟？且以喜乐，且以永日。宛其死矣，他人入室。（《山有枢》）

第五，愤世派（激烈派）。有些人对着黑暗的时局，腐败的社会，却不肯低头下心的忍受。他们受了冤屈，定要作不平之鸣的。

（例）溥天之下，莫非王土。率土之滨，莫非王臣。大夫不均，我从事独贤。……或燕燕居息，或尽瘁事国。或息偃在床，或不已于行。或不知叫号，或惨惨劬劳。或栖迟偃仰，或王事鞅掌。或湛乐饮酒，或惨惨畏咎，或出入风议，或靡事不为。（《北山》）

坎坎伐檀兮，置之河之干兮。河水清且涟猗。不稼不穑，胡取禾三百廛兮？不狩不猎，胡瞻尔庭有县貆兮？彼君子兮，不素餐兮！（《伐檀》）

硕鼠硕鼠，无食我黍。三岁贯汝，莫我肯顾。逝将去汝，适彼乐土！乐土乐土！爰得我所。（《硕鼠》）

这几派大约可以代表前七八世纪的思潮了。请看这些思潮，没有一派不是消极的。到了《伐檀》和《硕鼠》的诗人，已渐渐的有了一点勃勃的独立精神。你看那《伐檀》的诗人，对于那时的“君子”，何等冷嘲热骂！又看那《硕鼠》的诗人，气愤极了，把国也不要了，去寻他自己的乐土乐国。到了这时代，思想界中已下了革命的种子了。这些革命种子发生出来，便成了老子、孔子的时代。

老子

一、老子略传

老子的事迹，已不可考。据《史记》所说，老子是楚国人（《礼记·曾子问》正义引《史记》作陈国人），名耳，字聃，姓李氏（今本《史记》作“姓李氏，名耳。字伯阳，谥曰聃”，乃是后人据《列仙传》妄改的。《索隐》云：“许慎云，聃，耳曼也。故名耳，字聃。有本字伯阳，非正也。老子号伯阳父，此传不称也。”王念孙《读书杂志》三之四，引《索隐》此节，又《经典释文·序录》《文选注》《后汉书·桓帝纪》注，并引《史记》云老子字聃。可证今本《史记》所说是后人伪造的。后人所以要说老子字伯阳父者，因为周幽王时有个太史伯阳，后人要合两人为一人，说老子曾做幽王的官，当孔子生时，他已活了250岁了）。他曾做周室“守藏室之史”。《史记·孔子世家》和《老子列传》，孔子曾见过老子。这事不知在于何年，但据《史记》，孔子与南宫敬叔同适周。又据《左传》孟僖子将死，命孟懿子与南宫敬叔从孔子学礼（昭公七年）。孟僖子死于昭公二十四年二月。清人阎若璩因《礼记·曾子问》孔子曰：“昔吾从老聃助葬于巷党，及堩日有食之。”遂推算昭公二十四年，夏五月，乙未朔，巳时，日食，恰入食限。阎氏因断定孔子适周见老子在昭公二十四年，当孔子34岁（《四书·释地续》）。这话很像可信，但还有可疑之处：一则《曾子问》是否可信；二则南宫敬叔死了父亲，不到三个月，是否可同孔子适周；三则《曾子问》所说日食，即便可信，难保不是昭公三十一年的日食。但无论如何，孔子适周，总在他34岁以后，当西历纪元前518年以后。大概孔子见老子在34岁（西历前518年，日食）与41岁（定五年，西历前511年，日食）之间。老子比孔子至多不过大20岁，老子当生于周灵王初年，当西历前570年左右。

老子死时，不知在于何时。《庄子·养生主》篇明记老聃之死。《庄子》这一段文字决非后人所能假造的，可见古人并无老子“入关仙去”“莫知所终”的神话，《史记》中老子活了“百有六十余岁”“二百余岁”的话，大概也是后人加入的。老子即享高寿，至多不过活了90多岁罢了。

上文说老子“名耳，字聃，姓李氏”，何以又称老子呢？依我看来，那些“生而皓首，故称老子”的话，固不足信（此出《神仙传》，谢无量《中国哲学史》用之）；“以其年老，故号其书为《老子》”（《高士传》）也不足信。我以为“老子”之称，大概不出两种解说：（一）“老”或是字。《春秋》时人往往把“字”用在“名”的前面，例如叔梁（字）纥（名），孔父（字）嘉（名），正（字）考父（名），孟明（字）视（名），孟施（字）舍（名），皆是。《左传》文十一年、襄十年，《正义》都说：

“古人连言名字者，皆先字后名。”或者老子本名聃，字耳，一字老（《老训寿考》，古多用为名字者，如《檀弓》晋有张老，《楚语》楚有史老）。古人名字同举，先说字而后说名，故战国时的书皆称老聃（王念孙《春秋名字解诂》及《读书杂志》俱依《索隐》说，据《说文》“聃，耳曼也。”《释名》耳字聃之意。今按朱骏声《说文通训定声》聃字下引汉《老子铭》云“聃然，老旄之貌也。”又《礼记·曾子问》注：“老聃古寿考者之号也。”是聃亦有寿考之意，故名聃，字老。非必因其寿考而后称之也）。此与人称叔梁纥、正考父，都不举其姓氏，正同一例。又古人的“字”下可加“子”字、“父”字等字，例如孔子弟子冉求字有，可称“有子”（哀十一年《左传》），故后人又称“老子”。这是一种说法。（二）“老”或是姓。古代有氏姓的区别。寻常的小百姓，各依所从来为姓，故称“百姓”“万姓”。贵族于姓之外，还有氏，如以国为氏、以官为氏之类。老子虽不曾做大官，或者源出于大族，故姓老而氏李，后人不懂古代氏族制度，把氏姓两事混作一事，故说“姓某氏”，其实这三字是错的。老子姓老，故人称老聃，也称老子，这也可备一说。这两种解说都可通，但我们现今没有凭据，不能必定那一说是的。

二、《老子》考

今所传老子的书，分上下两篇，共八十一章。这书原本是一种杂记体的书，没有结构组织。今本所分篇章，决非原本所有。其中有许多极无道理的分断（如二十章首句“绝学无忧”当属十九章之末，与“见素抱朴，少私寡欲”两句为同等的排句）。读者当删去某章某章等字，合成不分章的书，然后自己去寻一个段落分断出来（元人吴澄作《道德真经注》，合八十一章为六十八章。中如合十七、十八、十九为一章，三十、三十一为一章，六十三、六十四为一章，六十七、六十八、六十九为一章，皆极有理，远胜河上公本）。又此书中有许多重复的话和许多无理插入的话，大概不免有后人妄加妄改的所在。今日最通行的刻本，有世德堂的河上公章句本，华亭张氏的王弼注本，读者须参看王念孙、俞樾、孙诒让诸家校语。（章太炎极推崇《韩非子·解老》《喻老》两篇。其实这两篇所说，虽偶有好的，大半多浅陋之言。如解“攘臂而仍之”“生之徒十有三”“带利剑”等句，皆极无道理。但这两篇所据《老子》像是古本，可供我们校勘参考。）

三、革命家之老子

上篇说老子以前的时势，和那种时势所发生的思潮。老子亲见那种时势，又受了那些思潮的影响，故他的思想，完全是那个时代的产儿，完全是那个时代的反动。看他对于当时政治的评判道：

民之饥，以其上食税之多，是以饥。民之难治，以其上之有为，是以难治。民之轻死，以其求生之厚，是以轻死。

民不畏死，奈何以死惧之？若使民常畏死，而为奇者吾得执而杀之，孰敢？

天下多忌讳，而民弥贫；民多利器，国家滋昏；人多伎巧，奇物滋起；法令滋彰，盗贼多有。

天之道损有余而补不足。人之道则不然：损不足以奉有余。

这四段都是很激烈的议论。读者试把《伐檀》《硕鼠》两篇诗记在心里，便知老子所说“人之道损不足以奉有余”和“民之饥以其上食税之多，是以饥”的话，乃是当时社会的实在情形。更回想《苕之华》诗“知我如此，不如无生”的话，便知老子所说“民不畏死”，“民之轻死，以其求生之厚，是以轻死”的话，也是当时的实在情形。人谁不求生？到了“知我如此，不如无生”的时候，束手安分也是死，造反作乱也是死，自然轻死，自然不畏死了。

还有老子反对有为的政治，主张无为无事的政治，也是当时政治的反动。凡是主张无为的政治哲学，都是干涉政策的反动。因为政府用干涉政策，却又没干涉的本领，越干涉越弄糟了，故挑起一种反动，主张放任无为。欧洲 18 世纪的经济学者政治学者，多主张放任主义，正为当时的政府实在太腐败无能，不配干涉人民的活动。老子的无为主义，依我看来，也是因为当时的政府不配有为，偏要有为；不配干涉，偏要干涉，所以弄得“天下多忌讳，而民弥贫；民多利器，国家滋昏；法令滋彰，盗贼多有”。[①] 上篇所引《瞻卬》诗说的：“人有土田，女反有之。人有民人，女覆夺之。此宜无罪，女反收之。彼宜有罪，女覆说之。”那种虐政的效果，可使百姓人人有“匪鹑匪鸢，翰飞戾天；匪鳣匪鲔，潜逃于渊”的断想（老子尤恨当时的兵祸连年，故书中屡攻击武力政策。如“师之所处荆棘生焉，大军之后必有凶年”“兵者不祥之器”“天下无道，戎马生于郊”皆是）。故老子说：“民之难治，以其上之有为，是以难治。”

老子对于那种时势，发生激烈的反响，创为一种革命的政治哲学。他说：

大道废，有仁义；智慧出，有大伪；六亲不和，有孝慈；国家昏乱，有忠臣。

所以他主张：

绝圣弃智，民利百倍；绝仁弃义，民复孝慈；绝巧弃利，盗贼无有！

①原文为“天下多忌讳，而民弥贫；民多利器，国家滋昏；人多伎巧，奇物滋起；法令滋彰，盗贼多有”。

这是极端的破坏主义。他对于国家政治，便主张极端的放任。他说：

治大国若烹小鲜。（河上公注，烹小鱼不去肠，不去鳞，不敢挠，恐其糜也）

又说：

我无为而民自化，我好静而民自正，我无事而民自富，我无欲而民自朴。其政闷闷，其民醇醇；其政察察，其民缺缺。

又说：

太上，下知有之。其次，亲而誉之，其次，畏之。其次，侮之。信不足，焉有不信（焉，乃也）。犹兮其贵言（贵言，不轻易其言也。所谓“行不言之教”是也）。功成事遂，百姓皆谓我自然。

老子理想中的政治，是极端的放任无为，要使功成事遂，百姓还以为全是自然应该如此，不说是君主之功。故“太上，下知有之”，是说政府完全放任无为，百姓的心里只觉得有个政府的存在罢了；实际上是“天高皇帝远”，有政府和无政府一样。“下知有之”，《永乐大典》本及吴澄本，皆作“不知有之”；日本本作“下不知有之”，说此意更进一层，更明显了。

我述老子的哲学，先说他的政治学说，我的意思要人知道哲学思想不是悬空发生的。有些人说，哲学起于人类惊疑之念，以为人类目睹宇宙间万物的变化生灭，惊叹疑怪，要想寻出一个满意的解释，故产生哲学。这话未必尽然。人类的惊疑心可以产生迷信与宗教，但未必能产生哲学。人类见日月运行，雷电风雨，自然生惊疑心。但他一转念，便说日有日神，月有月神，雷有雷公，电有电母，天有天帝，病有病魔；于是他的惊疑心，便有了满意的解释，用不着哲学思想了。即如希腊古代的宇宙论，又何尝是惊疑的结果？那时代欧亚非三洲古国，如埃及、巴比伦、犹太等国的宗教观念和科学思想，与希腊古代的神话宗教相接触，自然起一番冲突，故发生“宇宙万物的本源究竟是什么”的问题。并不是泰尔史（Thales）的惊奇心忽然劈空提出这个哲学问题的。在中国的一方面，最初的哲学思想，全是当时社会政治的现状所唤起的反动。社会的阶级秩序已破坏混乱了，政治的组织不但不能救补维持，并且呈现同样的腐败纷乱。当时的有心人，目睹这种现状，要想寻一个补救的方法，于是有老子的政治思想。但是老子若单有一种革命的政治学说，也还算不得根本上的解决，也还算不得哲学。老子观察政治社会的状态，从根本上着想，要求一个根本的解决，遂为中国哲学的始祖。他的政治上的主张，也只是他的根本观念的应用。如今说他的根本观念是什么。

四、老子论天道

老子哲学的根本观念是他的天道观念。老子以前的天道观念，都把天看作一个有意志，有知识，能喜能怒，能作威作福的主宰。试看《诗经》中说“有命自天，命此文王”（《大明》）；又屡说“帝谓文王”（《皇矣》），是天有意志。“天监在下”“上帝临汝”（《大明》）；“皇矣上帝，临下有赫。监观四方，求民之莫”（《皇矣》），是天有知识。“有皇上帝，伊谁云憎？”（《正月》），“敬天之怒，无敢戏豫。敬天之渝，无敢驰驱”（《板》），是天能喜怒。“昊天不佣，降此鞠讻。昊天不惠，降此大戾”（《节南山》）；“天降丧乱，降此蟊贼”[①]（《桑柔》）；“天

①原文为“天降丧乱，灭我立王。降此蟊贼，稼穑卒痒”。

降丧乱，饥馑荐臻”（《云汉》），是天能作威作福。老子生在那种纷争大乱的时代，眼见杀人、破家、灭国等等惨祸，以为若有一个有意志知觉的天帝，决不致有这种惨祸。万物相争相杀，人类相争相杀，便是天道无知的证据。故老子说：

天地不仁，以万物为刍狗。

这仁字有两种说法：第一，仁是慈爱的意思。这是最明白的解说。王弼说：“地不为兽生刍而兽食刍，不为人生狗而人食狗。无为于万物，而万物各适其所用。”这是把不仁作无有恩意解。第二，仁即是“人”的意思。《中庸》说：“仁者，人也。”《孟子》说：“仁也者，人也。”刘熙《释名》说：“人，仁也；仁，生物也。”不仁便是说不是人，不和人同类。古代把天看作有意志、有知识、能喜怒的主宰，是把天看作人同类，这叫做天人同类说（Anthropomorphism）。老子的“天地不仁”说，似乎也含有天地不与人同性的意思。人性之中，以慈爱为最普通，故说天地不与人同类，即是说天地无有恩意。老子这一个观念，打破古代天人同类的谬说，立下后来自然哲学的基础。

打破古代的天人同类说，是老子的天道观念的消极一方面。再看他的积极的天道论：

有物混成，先天地生，寂兮寥兮，独立而不改，周行而不殆，可以为天下母。吾不知其名，字之曰道，强为之名曰大。

老子的最大功劳，在于超出天地万物之外，别假设一个“道”。这个道的性质，是无声、无形；有单独不变的存在，又周行天地万物之中；生于天地万物之先，又却是天地万物的本源。这个道的作用，是大道泛兮，其可左右。万物恃之以生而不辞，功成而不有，衣养万物而不为主。

道的作用，并不是有意志的作用，只是一个“自然”。自是自己，然是如此，“自然”只是自己如此（谢著《中国哲学史》云：“自然者，究极之谓也。”不成话）。老子说：

道常无为而无不为。

道的作用，只是万物自己的作用，故说“道常无为”。但万物所以能成万物，又只是一个道，故说“而无不为”。

五、论无

老子是最先发见“道”的人。这个“道”本是一个抽象的观念，太微妙了，不容易说得明白。老子又从具体的方面着想，于是想到一个“无”字，觉得这个“无”的性质、作用，处处和这个“道”最相像。老子说：

三十辐，共一毂，当其无，有车之用。埏埴以为器，当其无，有器之用。凿户牖以为室，当其无，有室之用。故有之以为利，无之以为用。

无即是虚空。上文所举的三个例，一是那车轮中央的空洞，二是器皿的空处，三是窗洞门洞和房屋里的空处。车轮若无中间的圆洞，便不能转动；器皿若无空处，便不能装物事；门户若没有空洞，便不能出入；房屋里若没有空处，便不能容人。这个大虚空，无形、无声；整个的不可分断，却又无所不在；一切万有若没有他，便没有用处。

这几项性质，正合上文所说“寂兮寥兮，独立而不改，周行而不殆，可以为天下母”的形容。所以老子所说的“无”与“道”简直是一样的。所以他既说：

道生一，一生二，二生三，三生万物。

一方面又说：

天地万物生于有，有生于无。

道与无同是万物的母，可见道即是无，无即是道。大概哲学观念初起的时代，名词不完备，故说理不能周密。试看老子说“吾无以名之”“强名之”，可见他用名词的困难。他提出了一个“道”的观念，当此名词不完备的时代，形容不出这个“道”究竟是怎样一个物事，故用那空空洞洞的虚空，来说那无为而无不为的道。却不知道“无”是对于有的名词，所指的是那无形体的空间，如何可以代表那无为而无不为的“道”？只因为老子把道与无看作一物，故他的哲学都受这个观念的影响（庄子便不如此。老庄的根本区别在此）。

老子说：“天地万物生于有，有生于无。”且看他怎样说这无中生有的道理。老子说：

视之不见名曰夷，听之不闻名曰希，搏之不得名曰微。此三者不可致诘，故混而为一。其上不皦，其下不昧。绳绳不可名，复归于无物。是谓无状之状，无物之象，是谓惚恍。

又说：

道之为物，惟恍惟惚。惚兮恍兮，其中有象。恍兮惚兮，其中有物。

这也可见老子寻相当名词的困难。老子既说道是“无”，这里又说道不是“无”，乃是“有”与“无”之间的一种情境。虽然看不见，听不着，摸不到，但不是完全没有形状的。不过我们不能形容他，又叫不出他的名称，只得说他是“无物”；只好称他做“无状之状，无物之象”；只好称他做“恍惚”。这个“恍惚”，先是“无状之状，无物之象”，故说“惚兮恍兮，其中有象。”后来忽然从无物之象变为有物，故说“恍兮惚兮，其中有物”。这便是“天地万物生于有，有生于无”的历史。

六、名与无名

中国古代哲学的一个重要问题，就是名实之争。老子是最初提出这个问题的人。他说：

惚兮恍兮，其中有象。恍兮惚兮，其中有物。窈兮冥兮，其中有精，其精甚真，其中有信。自古及今，其名不去，以阅（王弼本原作说。今刊本作阅，乃后人所改）众甫。吾何以知众甫之然（王本今作状，原本似作然）哉？以此。

这一段论名的原起与名的功用。既有了法象，然后有物。有物之后，于是发生知识的问题。人所以能知物，只为每物有一些精纯的物德，最足代表那物的本性（《说文》“精，择也。”择其特异之物德，故为之精。真字古训诚，训天，训身，能代表此物的特性，故谓之真），即所谓“其中有精，其精甚真，其中有信”。这些物德，如雪的寒与白，如人的形体官能，都是极可靠的知识上的信物。故说“其中有信”（《说文》“信，诚也。”又古谓符节为信）。这些信物都包括在那物的“名”里面。如说“人”，便可代表人的一切表德；说“雪”，便可代表雪的一切德性。个体的事物尽管生死存灭，那事物的类名，却永远存在。人生人死，而“人”名常在；雪落雪消，而“雪”名永存。故说“自古及今，其名不去，以阅众甫”。众甫即是万物。又说：“吾何以知众甫之然哉？以此。”此字指“名”。我们所以能知万物，多靠名的作用。

老子虽深知名的用处，但他又极力崇拜“无名”。名是知识的利器，老子是主张绝圣弃智的，故主张废名。他说：

道可道，非常道（俞樾说常通尚；尚，上也）。名可名，非常名。无名，天地之始。有名，万物之母。故常无，欲以观其妙；常有，欲以观其徼。（常无常有，作一顿。旧读两欲字为顿，乃是错的）

老子以为万有生于无，故把无看得比有重。上文所说万物未生时，是一种“绳绳不可名”的混沌状态。故说“无名，天地之始”。后来有象有信，然后可立名字，故说“有名，万物之母”。因为无名先于有名，故说可道的道，不是上道；可名的名，不是上名。老子又常说“无名之朴”的好处。无名之朴，即是那个绳绳不可名的混沌状态。老子说：

道常（常，尚也）无名朴。（五字为句，朴字旧连下读，似乎错了。）虽小，天下不敢臣①。侯王若能守之，万物将自宾。天地相合以降甘露（此八字既失韵，又不合老子哲学。疑系后人加入的话）。民莫之令而自均。始制有名，名亦既有，夫亦将知之（王弼今本之作止。

①出自《道德经》第三十二章，原文为“天下莫能臣也”。

下句同。今依河上公本改正。之、止古文相似，易误）。知之所以不治。（王弼本所作可，治字各本皆作殆。适按，王弼注云“始制官长，不可不立名分以定尊卑，故始制有名也。过此以往，将争锥刀之末，故曰名亦既有，夫亦将知止也。遂任名以号物，则失治之母也。故知止所以不殆也。”细看此注，可见王弼原本作“夫亦将知之，知之所以不治”；若作知止，则注中所引叔向谏子产的话，全无意思。注中又说“任名则失治之母”，可证殆本作治。注末殆字同。后世妄人因下文第十四章有“知止不殆”的话，遂把此章也改成“知止可以不殆”。又乱改王注知之为知止，所以不治为所以不殆，却忘了“失治之母”的治字，可以作证。不但注语全文可作铁证也。）

这是说最高的道是那无名朴。后来制有名字（王弼训始制为“朴散始为官长之时”，似乎太深了一层），知识遂渐渐发达，民智日多，作伪行恶的本领也更大了。大乱的根源，即在于此。老子说：

古之为治者，非以明民，将以愚之。民之难治，以其智多。故以智治国，国之贼。不以智治国，国之福。

“民之难治，以其智多”，即是上文“夫亦将知之，知之所以不治”的注脚。

老子何以如此反对智识呢？大概他推想当时社会国家种种罪恶的根源，都由于多欲。文明程度越高，知识越复杂，情欲也越发展。他说：

五色令人目盲，五音令人耳聋，五味令人口爽，驰骋田猎令人心发狂，难得之货令人行妨。

这是攻击我们现在所谓文明文化。他又说：

天下皆知美之为美，斯恶已。皆知善之为善，斯不善已。故有无相生，难易相成；长短相较，高下相倾；音声相和，前后相随。是以圣人处无为之事，行不言之教。……不尚贤，使民不争。不贵难得之货，使民不为盗。不见（读现）可欲，使民心不乱。是以圣人之治，虚其心，实其腹；弱其志，强其骨：常使民无知无欲。

这一段是老子政治哲学的根据。老子以为一切善恶、美丑、贤不肖，都是对待的名词，正如长短、高下、前后等等。无长便无短，无前便无后，无美便无丑，无善便无恶，无贤便无不肖。故人知美是美的，便有丑的了；知善是善的，便有恶的了；知贤是贤的，便有不肖的了。平常那些赏善罚恶，尊贤去不肖，都不是根本的解决。根本的救济方法须把善恶美丑贤不肖一切对待的名词都消灭了，复归于无名之朴的混沌时代，须要常使民无知无欲。无知，自然无欲了。无欲，自然没有一切罪恶了。前面所引的“大道废，有仁义；智慧出[①]，有大伪；六亲不和，有孝慈；国家昏乱，有忠臣”和“绝圣弃智，绝仁弃义，绝巧弃利”，也都是这个道理。他又说：

道常无为而无不为。侯王若能守之，万物将自化。化而欲作（欲是名词，谓情欲也），吾将镇之以无名之朴。无名之朴，夫亦将无欲。不欲以静，天下将自定。

老子所处的时势，正是“化而欲作”之时。故他要用无名之朴来镇压。所以他理想中的至治之国，是一种

①出自《道德经》第十八章，原文为“慧智出”。

小国寡民，使有什伯人之器而不用（什是十倍，伯是百倍。文明进步，用机械之力代人工。一车可载千斤，一船可装几千人。这多是什伯人之器。下文所说“虽有舟舆，无所乘之；虽有甲兵，无所陈之”已释这一句）。使民重死而不远徙。虽有舟舆，无所乘之。虽有甲兵，无所陈之。使民复结绳而用之。甘其食，美其服，安其居，乐其俗。邻国相望，鸡狗之声相闻，民至老死不相往来①。

这是“无名”一个观念的实际应用，这种学说，要想把一切交通的利器，守卫的甲兵，代人工的机械，行远传久的文字，……等等制度文物，全行毁除，要使人类依旧回到那无知无欲老死不相往来的乌托邦。

七、无为

本篇第三节说老子对于社会政治有两种学说：一是毁坏一切文物制度；一是主张极端放任无为的政策。第一说的根据，上节已说过，如今且说他的无为主义。他把天道看作“无为而无不为”，以为天地万物，都有一个独立而不变，周行而不殆的道理，用不着有什么神道作主宰，更用不着人力去造作安排。老子的“天道”，就是西洋哲学的自然法（Law of Nature 或译“性法”，非）。日月星的运行，动植物的生老死，都有自然法的支配适合。凡深信自然法绝对有效的人，往往容易走到极端的放任主义。如 18 世纪的英法经济学者，又如斯宾塞（Herbert Spencer）的政治学说，都以为既有了“无为而无不为”的天道，何必要政府来干涉人民的举动？老子也是如此。他说：

①此段出自《道德经》第八十章，其中“什伯人之器”原文为“什伯之器”，“使民复结绳而用之”原文为“使人复结绳而用之”。

天之道，不争而善胜，不言而善应，不召而自来，绰然而善谋。天网恢恢，疏而不失。

这是说“自然法”的森严。又说：

常有司杀者杀。夫代司杀者杀，是谓代大匠斫。夫代大匠斫者，希有不伤其手者矣。

这个“司杀者”，便是天，便是天道。违背了天道，扰乱了自然的秩序，自有“天然法”来处置他，不用社会和政府的干涉。若用人力去赏善罚恶，便是替天行道，便是“代司杀者杀”。这种代刽子手杀人的事，正如替大匠斫木头，不但无益于事，并且往往闹出乱子来。所以说：“民之难治，以其上之有为，是以难治。”所以又说：“天下多忌讳而民弥贫，……法令滋彰，盗贼多有。”所以他主张一切放任，一切无为。“损之又损，以至于无为，无为而无不为。”

八、人生哲学

老子的人生哲学（旧称伦理学，殊未当）和他的政治哲学相同，也只是要人无知无欲。详细的节目是“见素抱朴，少私寡欲，绝学无忧”。他说：

众人熙熙，如享太牢，如登春台。我独泊兮其未兆，如婴儿之未孩。儽儽兮若无所归。众人皆有余，而我独若遗。我愚人之心也哉！沌沌兮，俗人昭昭，我独昏昏；俗人察察，我独闷闷。澹兮其若海，飂飂兮若无止。众人皆有以，而我独顽似鄙。我独异于人而贵食母。

别人都想要昭昭察察的知识，他却要那昏昏闷闷的愚人之心。此段所说的“贵食母”，即是前所引的“虚其心，实其腹”。老子别处又说“圣人为腹不为目”，也是此意。老子只要人肚子吃得饱饱的，做一个无思无虑的愚人；不愿人做有学问知识的文明人。这种观念，也是时势的反动。《隰有苌楚》的诗人说：

隰有苌楚，猗傩其枝。夭之沃沃，乐子之无知！

老子的意思，正与此相同。知识愈高，欲望愈难满足，又眼见许多不合意的事，心生无限烦恼，倒不如无知的草木，无思虑的初民，反可以混混沌沌，自寻乐趣。老子常劝人知足。他说：

知足不辱，知止不殆，可以长久。……罪莫大于可欲（孙诒让按，《韩诗外传》引可欲作多欲），祸莫大于不知足，咎莫大于欲得。故知足之足常足矣。

但是知足不是容易做到的。知识越开，越不能知足。故若要知足，除非毁除一切知识。

老子的人生哲学，还有一个重要观念，叫做“不争主义”。他说：

江海所以能为百谷王者，以善下之，故能为百谷王。……以其不争，故天下莫能与之争。

曲则全，枉则直，窪则盈。……夫唯不争，故天下莫与之争。[①]

上善若水，水利万物而不争。处众人之所恶，故几于道。

---

①出自《道德经》第二十二章，原文为“故天下莫能与之争”。

天下柔弱莫过于水，而攻坚强者莫之能胜。其无以易之。弱之胜强，柔之胜刚，天下莫不知，莫能行。

这种学说，也是时势的反动。那个时代是一个兵祸连年的时代。小国不能自保，大国又争霸权，不肯相下。老子生于这个时代，深知武力的竞争，以暴御暴，只有更烈，决没有止境。只有消极的软工夫，可以抵抗强暴。狂风吹不断柳丝，齿落而舌长存。又如最柔弱的水可以冲开山石，凿成江河。人类交际，也是如此。汤之于葛，太王之于狄人，都是用柔道取胜。楚庄王不能奈何那肉袒出迎的郑伯，也是这个道理。老子时的小国，如宋，如郑，处列强之间，全靠柔道取胜。故老子提出这个不争主义，要人知道柔弱能胜刚强；要人知道“夫唯不争，故天下莫与之争”。他教人莫要“为天下先”，又教人“报怨以德”。他要小国下大国，大国下小国。他说暂时吃亏忍辱，并不害事。要知“物或损之而益，或益之而损。……强梁者不得其死”。这句话含有他的天道观念。他深信“自然法”的“天网恢恢，疏而不失”，故一切得其自然。物或损之而益，或益之而损，都是天道之自然。宇宙之间，自有“司杀者杀”，故强梁的总不得好死。我们尽可逆来顺受，且看天道的自然因果罢。

正名主义

孔子哲学的根本观念，依我看来，只是上篇所说的三个观念：

第一，一切变迁都是由微变显，由简易变繁赜。所以说：

臣弑其君，子弑其父，非一朝一夕之故，其所由来者渐矣，由辨之不早辨也。《易》曰，“履霜坚冰至”，盖言顺也。

知道一切变迁都起于极微极细极简易的，故我们研究变迁，应该从这里下手。所以说：

夫易，圣人之所以极深而研几也（韩注，“极未形之理曰深，适动微之会曰几”）。唯深也，故能通天下之志；唯几也，故能成天下之务。

“深”是隐藏未现的。“几”字《易·系辞》说得最好，

几者动之微吉凶之先见者也（旧无凶字，义不可通。今按孔颖达《正义》云：“诸本或有凶字者，其定本则无也。”是唐时尚有凶字之本。今据增）。

孔子哲学的根本观念，只是要“知几”，要“见机”，要“防微杜渐”。大凡人生哲学（即伦理学），论人生行为的善恶，约分两大派：一派注重“居心”，注重“动机”；一派注重行为的效果影响。孔子的人生哲学，属于“动机”一派。

第二，人类的一切器物制度礼法，都起于种种“象”。换言之，“象”便是一切制度文物的“几”。这个观念，极为重要。因为“象”的应用，在心理和人生哲学一方面就是“意”，就是“居心”（孟子所谓“以仁存心，以礼存心”之存心）。就是俗话说的“念头”。在实际一方面，就是“名”，就是一切“名字”（郑玄说，古曰名，今曰字）。“象”的学说，于孔子的哲学上，有三层效果：

（一）因为象是事物的“动机”，故孔子的人生哲学，极注重行为的“居心”和“动机”。

（二）因为“象”在实际上即是名号名字，故孔子的政治哲学主

张一种“正名”主义。

（三）因为象有仿效模范的意思，故孔子的教育哲学和政治哲学，又注重标准的榜样行为，注重正己以正人，注重以德化人。

第三，积名成“辞”，可以表示意象动作的趋向，可以指出动作行为的吉凶利害，因此可以作为人生动作的向导。故说：

理财正辞，禁民为非，曰义。

“正辞”与“正名”只是一事。孔子主张“正名”“正辞”，只是一方面要鼓天下之动，一方面要禁民为非。

以上所说，是孔子哲学的重要大旨。如今且先说“正名主义”。

正名主义，乃是孔子学说的中心问题。这个问题的重要，见于《论语·子路篇》：

子路曰：“卫君待子而为政，子将奚先？”

子曰：“必也正名乎！”（马融注，正百事之名）

子路曰：“有是哉，子之迂也！奚其正！”

子曰：“野哉由也！君子于其所不知，盖阙如也。名不正，则言不顺；言不顺，则事不成；事不成，则礼乐不兴；礼乐不兴，则刑罚不中；刑罚不中，则民无所措手足。故君子名之必可言也，言之必可行也。君子于其言，无所苟而已矣。”

请看名不正的害处，竟可致礼乐不兴，刑罚不中，百姓无所措手足。这是何等重大的问题！如今且把这一段仔细研究一番：

怎么说“名不正则言不顺”呢？“言”是“名”组合成的。名字的意义若没有正当的标准，便连话都说不通了。孔子说：

觚不觚，觚哉？觚哉？

“觚”是有角之形（《汉书·律历志》，“成六觚”。苏林曰：“六觚，六角也。”又《郊祀志》，“八觚宣通，象八方”。师古曰：“觚，角也。”班固《西都赋》，“上觚棱而栖金爵”，注云：“觚，八觚，有隅者也。”可证），故有角的酒器，叫做“觚”。后来把觚字用泛了，凡酒器可盛三升的，都叫做“觚”，不问他有角无角。所以孔子说：“现在觚没有角了。这也是觚吗？这也是觚吗？”不是觚的都叫做“觚”，这就是言不顺。且再举一例。孔子说：

政者，正也。子率以正，孰敢不正？

政字从正，本有正意。现今那些昏君贪官的政府，也居然叫做“政”，这也是“言不顺”了。

这种现象，是一种学识思想界昏乱“无政府”的怪现象。语言文字（名）是代表思想的符号。语言文字没有正确的意义，还有什么来做是非真假的标准呢？没有角的东西可叫做“觚”，一班暴君污吏可叫做“政”，怪不得少正卯、邓析一般人，要“以非为是，以是为非，是非无度，而可与不可日变”（用《吕氏春秋》语）了。

孔子当日眼见那些“邪说暴行”，以为天下的病根在于思想界没有公认的是非真伪的标准。所以他说：

天下有道，则庶人不议。

他的中心问题只是要建设一种公认的是非真伪的标准，建设下手的方法便是“正名”。这是儒家公有的中心问题。试引荀卿的话为证：

今圣王没，名守慢，奇辞起，名实乱，是非之形不明，则虽守法之吏，诵数之儒，亦皆乱也。……异形离心交喻，异物名实互纽；贵贱不明，同异不别：如是，则志必有不喻之患，而事必有困废之祸”（《荀子·正名》篇）。

不正名则“志必有不喻之患，而事必有困废之祸”，这两句可作孔子“名不正则言不顺，言不顺则事不成”两句的正确注脚。

怎么说“事不成则礼乐不兴，礼乐不兴则刑罚不中”呢？这是说是非真伪善恶，若没有公认的标准，则一切别的种种标准如礼乐刑罚之类，都不能成立。正如荀卿说的：“名守慢，奇辞起，名实乱，是非之形不明，则虽守法之吏，诵数之儒，亦皆乱也。”

“正名”的宗旨，只要建设是非善恶的标准，已如上文所说，这是孔门政治哲学的根本理想。《论语》说：

齐景公问政于孔子，孔子对曰：“君君臣臣，父父子子。”公曰：“善哉！信如君不君，臣不臣，父不父，子不子，虽有粟，吾得而食诸？”

“君君臣臣父父子子”，也只是正名主义。正名的宗旨，不但要使觚的是“觚”，方的是“方”，还须要使君真是君，臣真是臣，父真是父，子真是子。不君的君，不臣的臣，不子的子和不觚的觚，有角的圆，是同样的错谬。

如今且看孔子的正名主义如何实行。孟子说：

世衰道微，邪说暴行有作。臣弑其君者有之，子弑其父者有之。孔子惧，作《春秋》。《春秋》，天子之事也。是故孔子曰：“知我者，其惟《春秋》乎！罪我者，其惟《春秋》乎！”

又说：

昔者禹抑洪水而天下平。周公兼夷狄，驱猛兽，而百姓宁。孔子成《春秋》，而乱臣贼子惧。

一部《春秋》便是孔子实行正名的方法。《春秋》这部书，一定是有深意"大义"的，所以孟子如此说法。孟子又说：

王者之迹熄而诗亡，诗亡，然后《春秋》作。晋之《乘》，楚之《梼杌》，鲁之《春秋》，一也。其事则齐桓晋文，其文则史。孔子曰："其义则丘窃取之矣。"

《庄子·天下》篇也说："《春秋》以道名分。"这都是论《春秋》最早的话，该可相信。若《春秋》没有什么"微言大义"，单是一部史书，那真不如"断烂朝报"了。孔子不是一个全无意识的人，似乎不至于做出这样极不可读的史书。

论《春秋》的真意，应该研究《公羊传》和《穀梁传》，晚出的《左传》最没有用。我不主张"今文"，也不主张"古文"，单就《春秋》而论，似乎应该如此主张。

《春秋》正名的方法，可分三层说：

第一，正名字。《春秋》的第一个方法，是要订正一切名字的意义。这是言语学、文法学的事业。今举一例，《春秋》说：

僖公十有六年，春王正月，戊申朔，陨石于宋，五。是月，六鹢退飞，过宋都。

（《公羊传》）曷为先言"賈"而后言"石"？賈石记闻。闻其磌然，视之则“石”，察之则“五”。是月者何？仅逮是月也。……曷为先言“六”而后言“鹢”？六鹢退飞，记见也。视之则“六”，察之则“鹢”，徐而察之，则退飞。……

（《穀梁传》）“陨石于宋，五。”先“陨”而后“石”，何也？“陨”而后“石”也。于宋四境之内曰“宋”。后数，散辞也，耳治也。“是月也，六鶂退飞，过宋都。”“是月也”，决不日而月也。“六鶂退飞过宋都”，先数，聚辞也。目治也。……君子之于物，无所苟而已。石鶂且犹尽其辞，而况于人乎？故五石六鶂之辞不设，则王道不亢矣。[①]

（董仲舒《春秋繁露·深察名号》篇）《春秋》辨物之理以正其名，名物如其真，不失秋毫之末，故名賈石则后其“五”，言退鹢则先其“六”。圣人之谨于正名如此。“君子于其言，无所苟而已矣。”五石六鹢之辞是也。

“《春秋》辨物之理以正其名，名物如其真”，这是正名的第一义。古书辨文法上词性之区别，莫如《公羊》《穀梁》两传。《公羊传》讲词性更精。不但名词（如车马曰賵，货财曰賻，衣服曰襚之类）、动词（如春曰苗，秋曰搜，冬曰狩，春曰祠，夏曰礿，秋曰尝，冬曰烝，直来曰来，大归曰来归等）分别得详细，并且把状词（如既者何，尽也）、介词（如及者何，累也）、连词（如遂者何，生事也，乃者何，难之也，之类）三类，都仔细研究文法上的作用。所以我说《春秋》的第一义，是文法学言语学的事业。

第二，定名分。上一条是“别同异”，这一条是“辨上下”。那时的周天子久已不算什么东西。楚吴都已称王，此外各国，也多拓地灭国，各自称雄。孔子眼见那纷争无主的现象，回想那封建制度最盛时代，井井有条的阶级社会，真有去古日远的感慨。所以《论语》说：

①出自《穀梁传·僖公十六年》。

孔子谓季氏八佾舞于庭，是可忍也，孰不可忍也！

读这两句，可见他老人家气得胡子发抖的神气！《论语》又说：

三家者，以《雍》彻，子曰："相维辟公，天子穆穆"，奚取于三家之堂？

孔子虽明知一时做不到那"天下有道，礼乐征伐自天子出"的制度，他却处处要保存那纸上的封建阶级。所以《春秋》于吴楚之君，只称"子"，齐晋只称"侯"，宋虽弱小，却称"公"。践土之会，明是晋文公把周天子叫来，《春秋》却说是"天王狩于河阳"。周天子的号令，久不行了，《春秋》每年仍旧大书"春，王正月"。这都是"正名分"的微旨。《论语》说：

子贡欲去告朔之饩羊，子曰："赐也，尔爱其羊，我爱其礼。"

这便是《春秋》大书"春王正月"一类的用意。

第三，寓褒贬。《春秋》的方法，最重要的，在于把褒贬的判断寄托在记事之中。司马迁《史记·自序》引董仲舒的话道：

夫《春秋》上明三王之道，下辨人事之纪，别嫌疑，明是非，定犹豫，善善恶恶，贤贤贱不肖，……王道之大者也。

善善恶恶，贤贤贱不肖，便是褒贬之意。上章说"辞"字本有判断之意。故"正辞"可以"禁民为非"。《春秋》的"书法"，只是要人看见了生畏惧之心，因此趋善去恶。即如《春秋》书弑君三十六次，中间很有个分别，都寓有"记者"褒贬的判断。如下举的例：

（例一）（隐四年三月戊申）卫州吁弑其君完。

（例二）（隐四年九月）卫人杀州吁于濮。

（例三）（桓二年春王正月戊申）宋督弑其君与夷及其大夫孔父。

（例四）（文元年冬十月丁未）楚世子商臣弑其君頵（《公》、《穀》皆作髡）。

（例五）（文十六年）宋人弑其君杵臼。

（例六）（文十八年冬）莒弑其君庶其。

（例七）（宣二年秋九月乙丑）晋赵盾弑其君夷皋。

（例八）（成十八年春天正月庚申）晋弑其君州蒲。

即举此八例，可以代表《春秋》书弑君的义例。（例一）与（例三、四、七）同是书明弑者之名，却有个分别。（例一）是指州吁有罪。（例三）带着褒奖与君同死的大夫。（例四）写“世子商臣”以见不但是弑君，又是弑父，又是世子弑父。（例七）虽与（例一）同式，但弑君的人，并不是赵盾，乃是赵穿。因为赵盾不讨贼，故把弑君之罪责他。这四条是称臣弑君之例。（例二、五、六、八）都是称君不称弑者之例，却也有个分别。（例二）称“卫人”，又不称州吁为君，是讨贼的意思，故不称弑，只称杀。又明说“于濮”。濮是陈地，不是卫地，这是说卫人力不能讨贼，却要借助于外国人。（例五）也称“宋人”，是责备被弑的君有该死之罪，但他究竟是正式的君主，故称“其君”。（例六）与（例八）都是称“国”弑君之例，称“人”还只说“有些人”，称“国”便含有“全国”的意思。故称国弑君，那被弑之君，一定是罪大恶极的了。（例六）是太子仆弑君，又是弑父（据《左传》）。因为死者罪该死，故不著太子仆弑君弑父之罪。（例八）是栾书中行偃使程滑去弑君的，因为君罪恶太甚，故不罪弑君的人，却说这是国民的公意。

这种褒贬的评判，如果真能始终一致，本也很有价值。为什么呢？

因为这种书法，不单是要使“乱臣贼子”知所畏惧，并且教人知道君罪该死，弑君不为罪；父罪该死，弑父不为罪（如上所举的例六是）。这是何等精神！只可惜《春秋》一书，有许多自相矛盾的书法。如鲁国几次弑君，却不敢直书。于是后人便生出许多“为尊者讳，为亲者讳，为贤者讳”等等文过的话，便把《春秋》的书法弄得没有价值了。这种矛盾之处，或者不是孔子的原文，后来被“权门”干涉，方才改了的。我想当日孔子那样称赞晋国的董狐（宣二年《左传》），岂有破坏自己的书法？但我这话，也没有旁的证据，只可算一种假设的猜想罢了。

总论《春秋》的三种方法——正名字，定名分，寓褒贬——都是孔子实行“正名”“正辞”的方法。这种学说，初看上去觉得是很幼稚的。但是我们要知道这种学说，在中国学术思想上有绝大的影响。我且把这些效果略说一二，作为孔子正名主义的评判。

（1）语言文字上的影响　孔子的“君子于其言，无所苟而已矣”一句话，实是一切训诂书的根本观念。故《公羊》《穀梁》，都含有字典气味。董仲舒的书更多声音通假的训诂（如名训“鸣以出命”号训謞、训效，民训瞑，性训生之类）。也有从字形上着想的训诂（如说王字为三画而连其中。《说文解字》引之）。大概孔子的正名说，无形之中含有提倡训诂书的影响。

（2）名学上的影响　自从孔子提出“正名”的问题之后，古代哲学家都受了这种学说的影响。以后如荀子的“正名论”，法家的“正名论”不用说了。即如墨子的名学，便是正名论的反响。杨朱的“名无实，实无名”，也是这种学说的反动。我们简直可以说孔子的正名主义，实是中国名学的始祖。正如希腊苏格拉底的“概念说”，是希腊名学的始祖。

（3）历史上的影响　中国的历史学，几千年来很受了《春秋》的影响。试读司马迁《史记·自序》及司马光《资治通鉴》论“初命三晋为诸侯”一段，及朱熹《通鉴纲目》的正统书法各段，便可知《春秋》的势力了。《春秋》那部书，只可当作孔门正名主义的参考书看，却不可当作一部模范的史书看。后来的史家把《春秋》当作历史的模范，便大错了。为什么呢？因为历史的宗旨在于“说真话，记实事”。《春秋》的宗旨，不在记实事，只在写个人心中对于实事的评判。明是赵穿弑君，却说是赵盾弑君。明是晋文公召周天子，却说是“天王狩于河阳”。这都是个人的私见，不是历史的实事。后来的史家，崇拜《春秋》太过了，所以他们作史，不去讨论史料的真伪，只顾讲那“书法”和“正统”种种谬说。《春秋》的余毒就使中国只有主观的历史，没有物观的历史。

墨子的哲学方法

儒墨两家根本上不同之处，在于两家哲学的方法不同，在于两家的“逻辑”不同。《墨子·耕柱》篇有一条最形容得出这种不同之处：

叶公子高问政于仲尼，曰：“善为政者若之何？”仲尼对曰：“善为政者，远者近之，而旧者新之。”（《论语》作“近者悦，远者来。”）

子墨子闻之曰：“叶公子高未得其问也，仲尼亦未得其所以对也。叶公子高岂不知善为政者之远者近之而旧者新之哉？问所以为之若之何也。”

这就是儒墨的大区别，孔子所说是一种理想的目的，墨子所要的是一个“所以为之若之何”的进行方法。孔子说的是一个“什么”，墨子说的是一个“怎样”，这是一个大分别。《公孟》篇又说：

子墨子问于儒者，曰：“何故为乐？”曰：“乐以为乐也。”子墨子曰：“子未我应也。今我问曰：‘何故为室？’曰：‘冬避寒焉，夏避暑焉，室以为男女之别也。’则子告我为室之故矣。今我问曰：‘何故为乐？’

曰：‘乐以为乐也。’是犹曰：‘何故为室？’曰：‘室以为室也。’”

儒者说的还是一个“什么”，墨子说的是一个“为什么”。这又是一个大分别。

这两种区别，皆极重要。儒家最爱提出一个极高的理想的标准，作为人生的目标。如论政治，定说“君君、臣臣、父父、子子”；或说“近者悦，远者来”；这都是理想的目的，却不是进行的方法。如人生哲学则高悬一个“止于至善”的目的，却不讲怎样能使人止于至善。所说细目，如“为人君，止于仁；为人臣，止于敬；为人父，止于慈；为人子，止于孝；与国人交，止于信。”全不问为什么为人子的要孝，为什么为人臣的要敬；只说理想中的父子君臣朋友是该如此如此的。所以儒家的议论，总要偏向“动机”一方面。“动机”如俗话的“居心”。

孟子说的“君子之所以异于人者，以其存心也，君子以仁存心，以礼存心”。存心是行为的动机。《大学》说的诚意，也是动机。儒家只注意行为的动机，不注意行为的效果。推到了极端，便成董仲舒说的“正其谊不谋其利，明其道不计其功”。只说这事应该如此做，不问为什么应该如此做。

墨子的方法，恰与此相反。墨子处处要问一个“为什么”。例如造一所房子，先要问为什么要造房子。知道了“为什么”，方才可知道“怎样做”。知道房子的用处是“冬避寒焉，夏避暑焉，室以为男女之别”，方才可以知道怎样布置构造始能避风雨寒暑，始能分别男女内外。人生的一切行为，都是如此。如今人讲教育，上官下属都说应该兴教育，于是大家都去开学堂，招学生。大家都以为兴教育就是办学堂，办学堂就是兴教育，从不去问为什么该兴教育。因为不研究教育是为什么的，所以办学和视学的人也无从考究教育的优劣，更无从考究改良教育的方法。我去年回到内地，有人来说，我们村里，该开一个学堂。我问他为什么我们村里该办学堂呢？他说：某村某村都有学堂了，所以我们这里也该开一个。这就是墨子说的“是犹曰：何故为室？曰：室以为室也”的理论。

墨子以为无论何种事物、制度、学说、观念，都有一个“为什么”。换言之，事事物物都有一个用处。知道那事物的用处，方才可以知道他的是非善恶。为什么呢？因为事事物物既是为应用的，若不能应用，便失了那事那物的原意了，便应该改良了。例如墨子讲“兼爱”，便说：

用而不可，虽我亦将非之。且焉有善而不可用者？（《兼爱》下）

这是说能应“用”的便是“善”的；“善”的便是能应“用”的。譬如我说这笔“好”，为什么“好”呢？因为能中写，所以“好”。又如我说这会场“好”，为什么“好”呢？因为他能最合开会讲演的用，所以“好”。这便是墨子的“应用主义”。

应用主义又可叫做“实利主义”。儒家说：“义也者，宜也。”宜即是“应该”。凡是应该如此做的，便是“义”。墨家说：“义，利也。”（《经上》篇。参看《非攻》下首段）便进一层说，说凡事如此做去便可有利的即是“义”的。因为如此做才有利，所以“应该”如此做。义所以为“宜”，正因其为“利”。

墨子的应用主义所以容易被人误会，都因为人把这“利”字、“用”字解错了。这“利”字并不是“财利”的利，这“用”也不是“财用”的用。墨子的“用”和“利”都是指人生行为而言。如今且让他自己下应用主义的界说：

子墨子曰：“言足以迁行者常之，不足以迁行者勿常。不足以迁行而常之，是荡口也。”（《贵义》篇）

子墨子曰：“言足以复行者常之，不足以举行者勿常。不足以举行而常之，是荡口也。”（《耕柱》篇）

这两条同一意思。《说文》说："迁，登也。"《诗经》有"迁于乔木"，《易》有"君子以见善则迁"，皆是"升高""进步"之意，和"举"字"抬高"的意思正相同（后人不解"举"字之义，故把"举行"两字连读，作一个动词解。于是又误改上一"举"字为"复"字）。六个"行"字，都该读去声，是名词，不是动词。六个"常"字，都与"尚"字通用（俞樾解《老子》"道可道非常道"一章说如此）。"常"是"尊尚"的意思。这两章的意思，是说无论什么理论，什么学说，须要能改良人生的行为，始可推尚。若不能增进人生的行为，便不值得推尚了。

墨子又说：

> 今瞽曰："钜者，白也（俞云，钜当作岂。岂者，皑之假字）。黔者，黑也。"虽明目者无以易之。兼白黑，使瞽取焉，不能知也。故我曰："瞽不知白黑"者，非以其名也，以其取也。
>
> 今天下之君子之名仁也，虽禹汤无以易之。兼仁与不仁，而使天下之君子取焉，不能知也。故我曰："天下之君子不知仁"者，非以其名也，亦以其取也。（《贵义》篇）

这话说得何等痛快？大凡天下人没有不会说几句仁义道德的话的，正如瞎子虽不曾见过白黑，也会说白黑的界说。须是到了实际上应用的时候，才知道口头的界说是没有用的。高谈仁义道德的人，也是如此。甚至有许多道学先生一味高谈王霸义利之辨，却实在不能认得韭菜和麦的分别。有时分别义利，辨入毫芒，及事到临头，不是随波逐流，便是手足无措。所以墨子说单知道几个好听的名词，或几句虚空的界说，算不得真"知识"。真"知识"在于能把这些观念来应用。

这就是墨子哲学的根本方法。后来王阳明的"知行合一"说，与此说多相似之点。阳明说："未有知而不行者。知而不行，只是未知。"

很像上文所说“故我曰：天下之君子不知仁者，非以其名也，亦以其取也”之意。但阳明与墨子有绝不同之处。阳明偏向“良知”一方面，故说：“尔那一点良知，是尔自家的准则。尔意念着处，他是便知是，非便知非。”墨子却不然，他的是非的“准则”，不是心内的良知，乃是心外的实用。简单说来，墨子是主张“义外”说的，阳明是主张“义内”说的（义外义内说见《孟子·告子》篇）。阳明的“知行合一”说，只是要人实行良知所命令。墨子的“知行合一”说，只是要把所知的能否实行，来定所知的真假，把所知的能否应用，来定所知的价值。这是两人的根本区别。

墨子的根本方法，应用之处甚多，说得最畅快的，莫如《非攻》上篇。我且把这一篇妙文，抄来做我的“墨子哲学方法论”的结论罢：

今有一人，入人园圃，窃其桃李，众闻则非之，上为政者得则罚之。此何也？以亏人自利也。至攘人犬豕鸡豚者，其不义又甚入人园圃窃桃李。是何故也？以亏人愈多，其不仁兹甚，罪益厚。至入人栏厩，取人牛马者，其不仁义又甚攘人犬豕鸡豚。此何故也？以其亏人愈多。苟亏人愈多，其不仁兹甚，罪益厚。至杀不辜人也。扡其衣裘，取戈剑者，其不义又甚入人栏厩取人马牛。此何故也？以其亏人愈多，苟亏人愈多，其不仁兹甚矣，罪益厚。当此天下之君子皆则弗知非，谓之“不义”。今至大为“不义”攻国，则弗之非，从而誉之，谓之“义”。此可谓知义与不义之别乎？杀一人，谓之不义，必有一死罪矣；若以此说往，杀十人，十重不义，必有十死罪矣；杀百人，百重不义，必有百死罪矣。当此，天下之君子皆知而非之，谓之“不义”。今至大为不义攻国，则弗之非，从而誉之，谓之“义”。情不知其不义也，故书其言以遗后世。若知其不义也，夫奚说书其不义以遗后世哉？今有人于此，少见黑曰黑，多见黑曰白，则以此人不知白黑之辩矣。少尝苦曰苦，多尝苦曰甘，则必以此人为不知甘苦之辩矣。今小为非则知而非之，大为非攻国，则不知而非，从而誉之，谓之义。此可谓知义与不义之辩乎？是以知天下之君子也，辩义与不义之乱也。

庄子的名学与人生哲学

一、庄子的名学

庄子曾与惠施往来。惠施曾说："万物毕同毕异：此之谓大同异。"但是惠施虽知道万物毕同毕异，他却最爱和人辩论，"终身无穷"。

庄周既和惠施来往，定然知道这种辩论。况且那时儒墨之争正烈，自然有许多激烈的辩论。庄周是一个旁观的人，见了这种争论，觉得两边都有是有非，都有长处，也都有短处。所以他说：

道恶乎隐而有真伪？言恶乎隐而有是非？道恶乎往而不存？言恶乎存而不可？道隐于小成，言隐于荣华，故有儒墨之是非，以是其所非而非其所是。（《齐物论》）

"小成"是一部分不完全的；"荣华"是表面上的浮词。因为所见不远，不能见真理的全体；又因为语言往往有许多不能免的障碍陷阱，以致儒墨两家各是其是而非他人所是，各非其非而是他人所非。其实都错了。所以庄子又说：

辩也者，有不见也。（同上）

又说：

大知闲闲（《简文》云：广博之貌），小知间间（《释文》云：

有所间别也）。大言炎炎（李颐云：同是非也，今本皆作炎炎。《释文》云：李作淡。今从之），小言詹詹（李云：小辩之貌）。（同上）

因为所见有偏，故有争论。争论既起，越争越激烈，偏见便更深了。偏见越争越深了，如何能分得出是非真伪来呢？所以说：

既使我与若辩矣。若胜我，我不若胜，若果是也？我果非也耶？我胜若，若不我胜，我果是也？而果非也耶？其或是也，或非也耶？其俱是也，其俱非也耶？我与若不能相知也，则人固受其黮暗，吾谁使正之？使同乎若者正之，既与若同矣，恶能正之？使同乎我者正之，既同乎我矣，恶能正之？使异乎我与若者正之，既异乎我与若矣，恶能正之；使同乎我与若者正之，既同乎我与若矣，恶能正之？然则我与若与人俱不能相知也，而待彼也耶？（同上）

这种完全的怀疑主义，和墨家的名学恰成反对。《墨辩·经上》说：

辩，争彼也。辩胜，当也。《经说》曰：辩，或谓之牛，（或）谓之非牛。是争彼也。是不俱当。不俱当，必或不当。

《经下》说：

谓辩无胜，必不当，说在辩。《经说》曰：谓，非谓非同也，则异也。同则或谓之狗，其或谓之犬也。异则（马）或谓之牛，牛或谓之马也。俱无胜，是不辩也。辩也者，或谓之是，或谓之非。当也者胜也。

辩胜便是当，当的终必胜：这是墨家名学的精神。庄子却大不以为然。他说你就胜了我，难道你便真是了，我便真不是了吗？墨家因为深信辩论可以定是非，故造出许多论证的方法，遂为中国古代名学史放一大光彩。庄子因为不信辩论可以定是非，所以他的名学的第一步只是破坏的怀疑主义。

但是庄子的名学，却也有建设的方面。他说因为人有偏蔽不见之处，所以争论不休。若能把事理见得完全透彻了，便不用争论了。但是如何才能见到事理之全呢？庄子说：

欲是其所非而非其所是，则莫若以明。（《齐物论》）

“以明”，是以彼明此，以此明彼。郭象注说：“欲明无是无非，则莫若还以儒墨反复相明。反复相明，则所是者非是，而所非者非非。非非则无非，非是则无是。”庄子接着说：

物无非彼，物无非是。自彼则不见，自知则知之。故曰：彼出于是，是亦因彼，彼是方生之说也。虽然，方生方死，方死方生。方可方不可，方不可方可。因是因非，因非因是。是以圣人不由而照之于天，亦因是也。是亦彼也，彼亦是也，彼亦一是非，此亦一是非。果且有彼是乎哉？果且无彼是乎哉？

这一段文字极为重要。庄子名学的精义全在于此。“彼”即是“非是”。“是”与“非是”，表面上是极端相反对的。其实这两项是互相成的。若没有“是”，更何处有“非是”？因为有“是”，才有“非是”。因为有“非是”，所以才有“是”。故说：“彼出于是，是亦因彼。”《秋水》篇说：

以差观之，因其所大而大之，则万物莫不大；因其所小而小之，则万物莫不小。知天地之为稊米也，知毫末之为丘山也，则差数睹矣。

以功观之，因其所有而有之，则万物莫不有；因其所无而无之，则万物莫不无。知东西之相反而不可以相无，则功分定矣。

以趣观之，因其所然而然之，则万物莫不然；因其所非而非之，则万物莫不非。知尧桀之自然而相非，则趣操睹矣。

东西相反而不可相无，尧桀之自是而相非，即是“彼出于是，是亦因彼”的明例。“东”里面便含有“西”，“是”里面便含有“非是”。东西相反而不可相无，彼是相反而实相生相成。所以《齐物论》接着说：

彼是莫得其偶，谓之道枢（郭注：偶，对也。彼是相对而圣人两顺之。故无心者，与物冥而未尝有对于天下）。枢始得其环中，以应无穷。是亦一无穷，非亦一无穷也。故曰：莫若以明。

这种议论，含有一个真理。天下的是非，本来不是永远不变的。世上无不变之事物，也无不变之是非。古代用人为牺牲，以祭神求福，今人便以为野蛮了。古人用生人殉葬，今人也以为野蛮了。古人以蓄奴婢为常事，如今文明国都废除了。百余年前，中国士夫喜欢男色，如袁枚的《李郎曲》，说来津津有味，毫不以为怪事，如今也废去了。西方古代也尚男色，哲学大家柏拉图于所著《一席话》（*Symposium*）也畅谈此事，不以为怪。如今西洋久已公认此事为野蛮陋俗了。这都是显而易见之事。又如古人言“君臣之义无所逃于天地之间”，又说“不可一日无君”。如今便有大多数人不认这话了。又如古人有的说人性是善的，有的说是恶的，有的说是无善无恶可善可恶的，究竟谁是谁非呢？……举这几条，以表天下的是非也随时势变迁，也有进化退化。这便是庄子“是亦一无穷，非亦一无穷”的真义。《秋水》篇说：

昔者尧舜让而帝，之哙让而绝；汤武争而王，白公争而灭。由此观之，争让之礼，尧桀之行，贵贱有时，未可以为常也。……故曰："盖师是而无非，师治而无乱乎？"是未明天地之理万物之情者也。……帝王殊禅，三代殊继。差其时，逆其俗者，谓之篡夫。当其时，顺其俗者，谓之义之徒。

这一段说是非善恶随时势变化，说得最明白。如今的人，只是不明此理，所以生在20世纪，却要去摹仿那四千年前的尧舜；更有些人，教育20世纪的儿童，却要他们去学做二三千年前的圣贤！

这个变化进化的道德观念和是非观念，有些和德国的海智尔相似。海智尔说人世的真伪是非，有一种一定的进化次序。先有人说"这是甲"，后有人说"这是非甲"，两人于是争论起来了。到了后来，有人说："这个也不是甲，也不是非甲。这个是乙。"这乙便是甲与非甲的精华，便是集甲与非甲之大成。过了一个时代，又有人出来说"这是非乙"，于是乙与非乙又争论起来了。后来又有人采集乙与非乙的精华，说"这是丙"。海智尔以为思想的进化，都是如此。今用图表示如下：

(1)这是"甲"。(2)这是"非甲"。(3)这是"乙"。
(4)这是"非乙"。(5)这是"丙"。(6)这是"非丙"。
(7)这是"丁"。

这就是庄子说的"彼出于是，是亦因彼。……是亦彼也，彼亦是也。……彼亦一是非，此亦一是非。……是亦一无穷，非亦一无穷也"。

以上所说，意在指点出庄子名学的一段真理。但是庄子自己把这学说推到极端，便生出不良的效果。他以为是非既由于偏见，我们又如何能知自己所见不偏呢？他说：

庸讵知吾所谓知之非不知邪？庸讵知吾所谓不知之非知邪？（《齐

物论》)

吾生也有涯，而知也无涯。以有涯随无涯，殆已。(《养生主》)

计人之所知，不若其所不知；其生之时，不若未生之时。以其至小，求穷其至大之域，是故迷乱而不能自得也。(《秋水》)

“是亦一无穷，非亦一无穷”。我们有限的知识，如何能断定是非？倒不如安分守己听其自然罢。所以说：

可乎可，不可乎不可。道行之而成，物谓之而然。恶乎然？然于然。恶乎不然？不然于不然。物固有所然，物固有所可。无物不然，无物不可。故为是举莛与楹(司马彪云：莛，屋梁也。楹，屋柱也。故郭注云：夫莛横而楹纵)。厉与西施，恢诡谲怪，道通为一。其分也，成也。其成也，毁也。凡物无成与毁，复通为一。唯达者知通为一，为是不用而寓诸庸。庸也者，用也。用也者，通也。通也者，得也。适得而几矣。因是已。(《齐物论》)

这种理想，都由把种种变化都看作天道的运行。所以说：“道行之而成，物谓之而然。”既然都是天道，自然无论善恶好丑，都有一个天道的作用。不过我们知识不够，不能处处都懂得是什么作用罢了。“物固有所然，物固有所可；无物不然，无物不可”，四句是说无论什么都有存在的道理，既然如此，世上种种的区别，纵横、善恶、美丑、分合、成毁……都是无用的区别了。既然一切区别都归无用，又何必要改良呢？又何必要维新革命呢？庄子因为能“达观”一切，所以不反对固有社会；所以要“不谴是非，以与世俗处”。他说：“唯达者知通为一，为是不用而寓诸庸。”庸即是庸言庸行之庸，是世俗所通行通用的。所以说：“庸也者，用也。用也者，通也。通也者，得也。”既为世俗所通用，自然与世俗相投相得。所以又说：“适得而几矣，因是已。”因即是“仍旧贯”；即是依违混同，不肯出奇立异，正如上篇所引的话：“物之生也，若驰若骤，无动而不变，无时而不移。何为乎？何不为乎？夫固将自化。”万物如此，是非善恶也是如此。何须人力去改革呢？所以说：

与其誉尧而非桀也，不如两忘而化其道。（《大宗师》）

这种极端“不谴是非”的达观主义，即是极端的守旧主义。

二、庄子的人生哲学

上文我说庄子的名学的结果，便已侵入人生哲学的范围了。庄子的人生哲学，只是一个达观主义。达观本有多种区别，上文所说，乃是对于是非的达观。庄子对于人生一切寿夭、生死、祸福，也一概达观，一概归到命定。这种达观主义的根据，都在他的天道观念。试看上章所引的话：

化其万化而不知其禅之者。焉知其所终？焉知其所始？正而待之而已耳。

因为他把一切变化都看作天道的运行；又把天道看得太神妙不可思议了，所以他觉得这区区的我哪有作主的地位。他说：

庸讵知吾所谓“天”之非“人”乎？所谓“人”之非“天”乎？

那《大宗师》中说子舆有病，子祀问他，“女恶之乎？”子舆答道：

亡。予何恶？浸假而化予之左臂以为鸡，予因以求时夜。浸假而化予之右臂以为弹，予因以求鸮炙。浸假而化予之尻以为轮，以神为马，予因而乘之，岂更驾哉？……且夫物不胜天，久矣，吾又何恶焉？

后来子来又有病了，子犁去看他，子来说：

父母于子，东西南北，唯命是从。阴阳于人，不翅于父母。彼近吾死而我不听，我则悍矣，彼何罪焉？夫大块载我以形，劳我以生，佚我以老，息我以死。故善吾生者，乃所以善吾死也。今大冶铸金，金踊跃曰："我且必为镆铘？"大冶必以为不祥之金。今一犯人之形而曰："人耳！人耳！"夫造化者必以为不祥之人。今一以天地为大炉，以造化为大冶，恶乎往而不可哉？

又说子桑临终时说道：

吾思夫使我至此极者而弗得也。父母岂欲吾贫哉？天无私覆，地无私载，天地岂私贫我哉？求其为之者而不得也。然而至此极者，命也夫！

这几段把"命"写得真是《大宗师》篇所说："物之所不得遁。"既然不得遁逃，不如还是乐天安命。所以又说：

古之真人，不知说生，不知恶死。其出不䜣，其入不距。翛然而往，翛然而来而已矣。不忘其所始，不求其所终。受而喜之，忘而复之。是之谓不以心捐（一本作揁，一本作楫）道，不以人助天。是之谓真人。

《养生主》篇说庖丁解牛的秘诀只是"依乎天理，因其固然"八个字。庄子的人生哲学，也只是这八个字。所以《养生主》篇说老聃死时，秦失道：

适来，夫子时也。适去，夫子顺也。安时而处顺，哀乐不能入也。

“安时而处顺”，即是“依乎天理，因其固然”，都是乐天安命的意思。《人间世》篇又说蘧伯玉教人处世之道，说：

彼且为婴儿，亦与之为婴儿。彼且为无町畦，亦与之为无町畦。彼且为无崖，亦与之为无崖。达之，入于无疵。

这种话初看去好像是高超得很。其实这种人生哲学的流弊，重的可以养成一种阿谀依违、苟且媚世的无耻小人；轻的也会造成一种不关社会痛痒，不问民生痛苦，乐天安命，听其自然的废物。

三、结论

庄子的哲学，总而言之，只是一个出世主义。因为他虽然与世人往来，却不问世上的是非、善恶、得失、祸福、生死、喜怒、贫富……一切只是达观，一切只要“正而待之”，只要“依乎天理，因其固然”。他虽在人世，却和不在人世一样，眼光见地处处都要超出世俗之上，都要超出“形骸之外”。这便是出世主义。因为他要人超出“形骸之外”，故《人间世》和《德充符》两篇所说的那些支离疏、兀者王骀、兀者申徒嘉、兀者叔山无趾、哀骀它、闉跂支离无脤、瓮㼜大瘿，或是天生，或由人刑，都是极其丑恶残废的人，却都能自己不觉得残丑，别人也都不觉得他们的残丑，都和他们往来，爱敬他们。这便是能超出“形骸之外”。《德充符》篇说：

自其异者视之，肝胆楚越也。自其同者视之，万物皆一也。……物视其所一，而不见其所丧，视丧其足，犹遗土也。

这是庄子哲学的纲领。他只要人能于是非、得失、善恶、好丑、贫富、贵贱……种种不同之中，寻出一个同的道理。惠施说过："万物毕同毕异，此之谓大同异。"庄子只是要人懂得这个道理，故说："自其异者视之，肝胆楚越也。自其同者视之，万物皆一也。"庄子的名学和人生哲学，都只是要人知道"万物皆一"四个大字。他的"不谴是非""外死生"、"无终始""无成与毁"……都只是说"万物皆一"。《齐物论》说：

天下莫大于秋豪之末，而大山为小。莫寿乎殇子，而彭祖为夭。天地与我并生，而万物与我为一。

我曾用一个比喻来说庄子的哲学道：譬如我说我比你高半寸，你说你比我高半寸。你我争论不休，庄子走过来排解道："你们二位不用争了罢，我刚才在那爱拂儿塔上（Eiffel Tower 在巴黎，高九百八十四英尺有奇，为世界第一高塔）看下来，觉得你们二位的高低实在没有什么分别，何必多争，不如算作一样高低罢。"他说的"辩也者，有不见也"，只是这个道理。庄子这种学说，初听了似乎极有道理。却不知世界上学识的进步只是争这半寸的同异；世界上社会的维新、政治的革命，也只是争这半寸的同异。若依庄子的话，把一切是非同异的区别都看破了，说太山不算大，秋毫之末不算小；尧未必是，桀未必非：这种思想，见地固是"高超"，其实可使社会国家世界的制度习惯思想永远没有进步，永远没有革新改良的希望。庄子是知道进化的道理，但他不幸把进化看作天道的自然，以为人力全无助进的效能，因此他虽说天道进化，却实在是守旧党的祖师。他的学说实在是社会进步和学术进步的大阻力。

孟子

一、孟子考

孟轲，邹人。曾受业于子思的门人，孟子的生死年岁，颇不易考定。据明人所纂《孟子谱》，孟子生于周烈王四年四月二日，死于赧王二十六年十一月十五，年八十四。吕元善《圣门志》所纪年与《孟子谱》同。此等书是否有根据，今不可知。但所说孟子生于周烈王四年，颇近理（臧庸作《孟子年表》以己意移前四年，似可不必）。近人考证孟子见梁惠王时当为惠王后元十五年左右。

《史记》说在惠王三十五年，是不可信的。若孟子生在烈王四年（西历前372），则见惠王时年已五十余，故惠王称他为“叟”。至于他死的年，便不易定了。《孟子谱》所说，也还有理。若《孟子》书是他自己作的，则书中既称鲁平公的谥法，孟子定死在鲁平公之后。平公死在赧王十九年（《通鉴》作十八年），《孟子谱》说孟子死在赧王二十六年（西历前289），似乎相差不远。但恐《孟子》这书未必是他自己作的。

二、论性

孟子同时有几种论性的学说。《告子》篇说：

告子曰：“性无善无不善也。”或曰：“性可以为善，可以为不善。是故文武兴则民好善，幽厉兴则民好暴。”或曰：“有性善，有性不善。

是故以尧为君而有象，以瞽瞍为父而有舜。”……今曰性善，然则彼皆非与？

孟子总答这三条说道：

乃若其情（翟灏《孟子考异》引《四书辨疑》云：“下文二才字与此情字上下相应，情乃才字之误。”适按：孟子用情字与才字同义。《告子》篇“牛山之木”一章中云：“人见其濯濯也，以为未尝有才焉，此岂山之性也哉。”又云：“人见其禽兽也，而以为未尝有材焉，此岂人之情也哉。”可以为证），则可以为善矣。乃所谓善也。若夫为不善，非才之罪也。恻隐之心，人皆有之。羞恶之心，人皆有之。恭敬之心，人皆有之。是非之心，人皆有之。恻隐之心，仁也。羞恶之心，义也。恭敬之心，礼也。是非之心，智也。仁义礼智非由外铄我也，我固有之也，弗思耳矣。故曰求则得之，舍则失之。或相倍蓰而无算者，不能尽其才者也。

这一段可算得孟子说性善的总论。《滕文公》篇说：“孟子道性善，言必称尧舜。”此可见性善论在孟子哲学中可算得中心问题。如今且仔细把他说性善的理论分条陈说如下：

（1）人的本质同是善的　上文引《孟子》一段中的“才”便是材料的材。孟子叫做“性”的，只是人本来的质料，所以孟子书中“性”字、“才”字，“情”字可以互相通用（参看上节情字下的按语。汉儒董仲舒《春秋繁露·深察名号》篇曰：“如其生之自然之资，谓之性。性者，质也。”又曰：“天地之所生，谓之性情。……情亦性也。”可供参证）。孟子的大旨只是说这天生的本质，含有善的“可能性”。如今先看这本质所含是哪几项善的可能性。

（甲）人同具官能　第一项便是天生的官能。孟子以为无论何人的官能，都有根本相同的可能性。他说：

故凡同类者，举相似也。何独至于人而疑之？圣人与我同类者。故龙子曰："不知足而为屦，我知其不为蒉也。"屦之相似，天下之足同也。口之于味，有同耆也。易牙先得我口之所耆者也。如使口之于味也，其性与人殊，若犬马之与我不同类也，则天下何耆皆从易牙之于味也？至于味，天下期于易牙，是天下之口相似也。惟耳亦然，至于声，天下期于师旷，是天下之耳相似也。惟目亦然。……故曰口之于味也，有同耆焉。耳之于声也，有同听焉。目之于色也，有同美焉。至于心，独无所同然乎？心之所同然者，何也？谓理也，义也。圣人先得我心之所同然耳。故礼义之悦我心，犹刍豢之悦我口。(《告子》)

（乙）人同具"善端"　董仲舒说（引书同上）："性有善端，动之爱父母。善于禽兽，则谓之善。此孟子之善。"这话说孟子的大旨很切当。孟子说人性本有种种"善端"，有触即发，不待教育。他说：

人皆有不忍人之心。……今人乍见孺子将入于井，皆有怵惕恻隐之心：非所以内交于孺子之父母也；非所以要誉于乡党朋友也；非恶其声而然也。由是观之，无恻隐之心，非人也；无羞恶之心，非人也；无辞让之心，非人也；无是非之心，非人也。恻隐之心，仁之端也；羞恶之心，义之端也；辞让之心，礼之端也；是非之心，智之端也。人之有是四端也，犹其有四体也。(《公孙丑》。参看上文所引《告子》篇语。那段中，辞让之心，作恭敬之心，余皆同)。

（丙）人同具良知良能　孟子的知识论全是"生知"（Knowledge a priori）一派。所以他说四端都是"我固有之也，非由外铄我也"。四端之中，恻隐之心、羞恶之心和恭敬之心，都近于感情的方面。至于是非之心，便近于知识的方面了。孟子自己却不曾有这种分别。他似乎把四端包在“良知良能”之中；而“良知良能”却不止这四端。他说：

人之所不学而能者，其良能也。所不虑而知者，其良知也。孩提之童，无不知爱其亲也。及其长也，无不知敬其兄也。亲亲，仁也。敬长，义也。（《尽心》）

良字有善义。孟子既然把一切不学而能不虑而知的都认为“良”，所以他说：

大人者，不失其赤子之心者也。（《离娄》）

以上所说三种（官能、善端及一切良知良能），都包含在孟子叫做“性”的里面。孟子以为这三种都有善的可能性，所以说性是善的。

（2）人的不善，都由于“不能尽其才” 人性既然是善的，一切不善的，自然都不是性的本质。孟子以为人性虽有种种善的可能性，但是人多不能使这些可能性充分发达。正如《中庸》所说：“惟天下至诚为能尽其性。”天下人有几个这样“至诚”的圣人？因此便有许多人渐渐的把本来的善性湮没了，渐渐的变成恶人。并非性有善恶，只是因为人不能充分发达本来的善性，以致如此。所以他说：

若夫为不善，非其才之罪也。……或相倍蓰而无算者，不能尽其才者也。

推原人所以“不能尽其才”的缘故，约有三种：

（甲）由于外力的影响　孟子说：

人性之善也，犹水之就下也。人无有不善，水无有不下。今夫水搏而跃之，可使过颡；激而行之，可使在山。是岂水之性哉？其势则然也。人之可使为不善，其性亦犹是也。（《告子》）

富岁子弟多赖，凶岁子弟多暴。非天之降才尔殊也。其所以陷溺其心者然也。今夫麰麦，播种而耰之，其地同，树之时又同，浡然而生，至于日至之时，皆熟矣。虽有不同，则地有肥硗，雨露之养，人事之不齐也。（同上）

这种议论，认定外界境遇对于个人的影响，和当时的生物进化论颇相符合。

（乙）由于自暴自弃　外界的势力，还有时可以无害于本性。即举舜的一生为例：

舜之居深山之中，与木石居，与鹿豕游，其所以异于深山之野人者，几希。及其闻一善言，见一善行，若决江河，沛然莫之能御也（《尽心》）

但是人若自己暴弃自己的可能性，不肯向善，那就不可救了。所以他说：

自暴者，不可与有言也。自弃者，不可与有为也。言非礼义，谓之自暴也。吾身不能居仁由义，谓之自弃也。（《离娄》）

又说：

虽存乎人者，岂无仁义之心哉？其所以放其良心者，亦犹斧斤之于木也。旦旦而伐之，可以为美乎？其日夜之所息，平旦之气，其好恶与人相近也者，几希。则其旦昼之所为，有梏亡之矣。梏之反覆，

则其夜气不足以存。夜气不足以存，则其违禽兽不远矣。人见其禽兽也，而以为未尝有才焉者，是岂人之情也哉？（《告子》）

（丙）由于“以小害大以贱害贵” 还有一个“不得尽其才”的原因，是由于“养”得错了。孟子说：

体有贵贱，有小大。无以小害大，无以贱害贵。养其小者为小人，养其大者为大人。（《告子》）

哪一体是大的贵的？哪一体是小的贱的呢？孟子说：

耳目之官不思，而蔽于物。物交物，则引之而已矣。心之官则思，思则得之，不思则不得也，此天之所与我者。先立乎其大者，则其小者不能夺也。此为大人而已矣。（《告子》）

其实这种议论，大有流弊。人的心思并不是独立于耳目五官之外的。耳目五官不灵的，还有什么心思可说？中国古来的读书人的大病根正在专用记忆力，却不管别的官能。到后来只变成一班四肢不灵、五官不灵的废物！

以上说孟子论性善完了。

三、个人的位置

上章说，《大学》《中庸》的儒学已把个人位置抬高了，到了孟子更把个人看得十分重要。他信人性是善的，又以为人生都有良知良能和种种“善端”。所以他说：

万物皆备于我矣。反身而诚，乐莫大焉。（《尽心》）

更看他论“浩然之气”：

其为气也，至大至刚，以直养而无害，则塞于天地之间。（《公孙丑》）

又看他论“大丈夫”：

居天下之广居，立天下之正位，行天下之大道。得志与民由之，不得志独行其道。富贵不能淫，贫贱不能移，威武不能屈：此之谓大丈夫。（《滕文公》）

因为他把个人的人格，看得如此之重，因为他以为人性都是善的，所以他有一种平等主义。他说：

圣人与我同类者。（《告子》）
何以异于人哉？尧舜与人同耳。（《离娄》）
彼丈夫也，我丈夫也。吾何畏彼哉？（《滕文公》）
舜何人也，予何人也。有为者亦若是。（同上）

但他的平等主义，只是说人格平等，并不是说人的才智德行都平等。孟子很明白经济学上“分功”的道理。即如《滕文公》篇许行一章，说社会中“有大人之事，有小人之事”“或劳心、或劳力”，说得何等明白！

又如孟子的政治学说很带有民权的意味。他说：

民为贵，社稷次之，君为轻。
君之视民如土芥，则臣视君如寇仇。

这种重民轻君的议论，也是从他的性善论上生出来的。

四、教育哲学

孟子的性善论，不但影响到他的人生观，并且大有影响于他的教育哲学。他的教育学说有三大要点，都于后世的教育学说大有关系。

（甲）自动的　孟子深信人性本善，所以不主张被动的和逼迫的教育，只主张各人自动的教育。他说：

君子深造之以道，欲其自得之也。自得之，则居之安。居之安，则资之深。资之深，则取之左右逢其原。故君子欲其自得之也。（《离娄》）

《公孙丑》篇论养气的一段，可以与此印证：

必有事焉而勿正。心勿忘，勿助长也。无若宋人然，宋人有悯其苗之不长而揠之者，芒芒然归，谓其人曰："今日病矣！予助苗长矣！"其子趋而往视之，苗则槁矣。天下之不助苗长者，寡矣。以为无益而舍之者，不耘苗者也。助之长者，揠苗者也。非徒无益，而又害之。

孟子说"君子之所以教者五"，那第一种是"有如时雨化之者"。不耘苗也不好，揠苗也不好，最好是及时的雨露。

（乙）养性的　人性既本来是善的，教育的宗旨只是要使这本来的善性充分发达。孟子说：

人之所以异于禽兽者几希，庶民去之，君子存之。（《离娄》）

教育只是要保存这“人之所以异于禽兽”的人性。《孟子》书中说此点最多，不用细举了。

（丙）标准的　教育虽是自动的，却不可没有标准。孟子说：

羿之教人射必至于彀，学者亦必至于彀。大匠诲人必以规矩，学者亦必以规矩。（《告子》）

又说：

大匠不为拙工改废绳墨，羿不为拙射废其彀率。君子引而不发，跃如也。中道而立，能者从之。（《尽心》）

这标准的教育法，依孟子说来，是教育的最捷径。他说：

圣人既竭目力焉，继之以规矩准绳，以为方圆平直，不可胜用也。既竭耳力焉，继之以六律正五音，不可胜用也。（《离娄》）

前人出了多少力，才造出这种种标准。我们用了这些标准，便可不劳而得前人的益处了。这是标准的教育法的原理。

五、政治哲学

孟子的政治哲学很带有尊重民权的意味，上文已略说过了。孟子的政治哲学与孔子的政治哲学有一个根本不同之处。孔子讲政治的中心学说是“政者，正也”，他的目的只要“正名”“正己”“正人”，以至于“君君、臣臣、父父、子子”的理想的郅治。孟子生在孔子之后一百多年，受了杨墨两家的影响（凡攻击某派最力的人，便是受那派影响最大的人。孟子攻杨墨最力，其实他受杨墨影响最大。荀子攻击辩者，其实他得辩者的影响很大。宋儒攻击佛家，其实若没有佛家，又哪有宋儒），故不但尊重个人，尊重百姓过于君主（这是老子、杨朱一派的影响。有这种无形的影响，故孟子的性善论遂趋于极端，遂成“万物皆备于我”的个人主义）；还要使百姓享受乐利（这是墨家的影响，孟子自不觉得）。孟子论政治，不用孔子的“正”字，却用墨子的“利”字。但他又不肯公然用“利”字，故用“仁政”两字。他对当时的君主说道：“你好色也不妨，好货也不妨，好田猎也不妨，好游玩也不妨，好音乐也不妨。但是你好色时，须念国中有怨女旷夫；你好货时，须念国中穷人的饥寒；你出去打猎，作乐游玩时，须念国中的百姓有父子不相见，兄弟妻子离散的痛苦。总而言之，你须要能善推其所为，你须要行仁政。”这是孟子政治学说的中心点。这可不是孔子“正”字的政治哲学了。若用西方政治学的名词，我们可说孔子的是“爸爸政策”（Paternalism 或译父性政策）；孟子的是“妈妈政策”（Maternalism 或译母性政策）。爸爸政策要人正经规矩，要人有道德；妈妈政策要人快活安乐，要人享受幸福。故孟子所说如：“五亩之宅，树之以桑，五十者可以衣帛矣。鸡豚狗彘之畜无失其时，七十者可以食肉矣。”这一类“衣帛食肉”的政治，简直是妈妈的政治。这是孔子、孟子不同之处（孔子有时也说富民，孟子有时也说格君心。但这都不是他们最注意的）。后人不知道这个区别代表一百多年儒家政治学说的进化，所以爸爸妈妈的分不清楚：一面说仁民爱物，一面又只知道正心诚意。这就是没有历史观念的大害了。

孟子的政治学说含有乐利主义的意味，这是万无可讳的。但他同时又极力把义利两字分得很严。他初见梁惠王，一开口便驳倒他的“利”字；他见宋牼，也劝他莫用“利”字来劝秦楚两国停战。细看这两章，可见孟子所攻击的“利”字只是自私自利的利。大概当时的君主官吏都是营私谋利的居多。这种为利主义，与利民主义绝相反对。故孟子说：

今之事君者曰："我能为君辟土地、充府库。"今之所谓良臣，古之所谓民贼也！（《告子》）

庖有肥肉，厩有肥马，民有饥色，野有饿莩：此率兽而食人也！（《梁惠王》）

孟子所攻击的"利"，只是这种利。他所主张的"仁义"，只是最大多数的最大乐利。他所怕的是言利的结果必至于"上下交征利"；必至于"君臣父子兄弟终去仁义，怀利以相接"。到了"上下交征利""怀利以相接"的地步，便要做出"率兽而食人"的政策了。所以孟子反对"利"的理由，还只是因为这种"利"究竟不是真利。

天与性

一、论天

荀子批评庄子的哲学道："庄子蔽于天而不知人。……由天谓之，道尽因矣。"这两句话不但是庄子哲学的正确评判，并且是荀子自己的哲学的紧要关键。庄子把天道看得太重了，所以生出种种安命主义和守旧主义。荀子对于这种学说，遂发生一种激烈的反响。他说：

惟圣人为不求知天。（《天论》）

又说：

故君子敬其在己者，而不慕其在天者。小人错其在己者，而慕其

在天者。君子敬其在己者，而不慕其在天者，是以日进也。小人错其在己者而慕其在天者，是以日退也。（同）

这是儒家本来的人事主义和孔子的“未能事人，焉能事鬼”同一精神。即如“道”字，老子庄子都解作那无往不在、无时不存的天道；荀子却说：

道者，非天之道，非地之道，人之所以道也，君子之所道也。（《儒效》。此依宋本）

又说：

道者何也？曰：君道也。君者何也？曰：能群也。（《君道》）

所以荀子的哲学全无庄子一派的精神气味。他说：

天行有常：不为尧存，不为桀亡。应之以治则吉，应之以乱则凶。强本而节用，则天不能贫；养备而动时，则天不能病；循道而不忒（从王念孙校），则天不能祸。故水旱不能使之饥，寒暑不能使之疾，袄怪不能使之凶。……故明于天人之分，则可谓至人矣。不为而成，不求而得，夫是之为天职。如是者虽深，其人不加虑焉；虽大，不加能焉；虽精，不加察焉。夫是之谓不与天争职。天有其时，地有其财，人有其治，夫是之谓能参。舍其所以参，而愿其所以参，则惑矣。（《天论》）

荀子在儒家中最为特出，正因为他能用老子一般人的“无意志的天”，来改正儒家墨家的“赏善罚恶”有意志的天；同时却又能免去老子、庄子天道观念的安命守旧种种恶果。

荀子的“天论”，不但要人不与天争职，不但要人能与天地参，还要人征服天行以为人用。他说：

大天而思之，孰与物畜而制之？（王念孙云：依韵，制之当作裁之。适案，依杨注，疑当作“制裁之”涉下误脱耳）从天而颂之，孰与制天命而用之？望时而待之，孰与应时而使之？因物而多之，孰与聘能而化之？思物而物之，孰与理物而勿失之也？愿于物之所以生，孰与有物之所以成？故错人而思天，则失万物之情。（同）

这竟是培根的“戡天主义”（Conquest of Nature）了。

二、论物类变化

荀卿的“戡天主义”，却和近世科学家的“戡天主义”大不相同。荀卿只要裁制已成之物，却不耐烦作科学家“思物而物之”的工夫（下物字是动词，与《公孙龙子·名实论》“物以物其所物而不过焉”的下两物字同义。皆有“比类”的意思。物字可作“比类”解，说见王引之《经义述闻》卷三十一，物字条）。荀卿对于当时的科学家，很不满意。所以他说：

凡事行，有益于理者，立之；无益于理者，废之。夫是之谓中事。凡知说，有益于理者，为之；无益于理者，舍之。夫是之谓中说。……若夫充虚之相施易也，坚白同异之分隔也，是聪耳之所不能听也，明目之所不能见也，辩士之所不能言也。虽有圣人之知未能偻指也。不知无害为君子，知之无损为小人。工匠不知，无害为巧；君子不知，无害为治。王公好之则乱法，百姓好之则乱事。（《儒效》）

充虚之相施易（施同移），坚白同异之相分隔，正是当时科学家的话。荀子对于这一派人屡加攻击，这都由于他的极端短见的功用主义，所以有这种反对科学的态度。

他对于当时的生物进化的理论，也不赞成。我们曾说过，当时的生物进化论的大旨是“万物皆种也，以不同形相禅”。荀子所说，恰与此说相反。他说：

古今一度也。类不悖，虽久同理。（《非相》。《韩诗外传》无度字，王校从之。）

杨倞注此段最妙，他说：

类，种类，谓若牛马也。……言种类不乖悖，虽久而理同。今之牛马与古不殊，何至人而独异哉？

这几句话便把古代万物同由种子以不同形递相进化的妙论，轻轻的推翻了。《正名篇》说：

物有同状而异所者，有异状而同所者，可别也。状同而为异所者，虽可合，谓之二实。状变而实无别而为异者，谓之化（为是行为之为）。有化而无别，谓之一实。

荀子所注意的变化，只是个体的变迁，如蚕化为茧，再化为蛾，这种“状变而实无别而为异”的现象，叫做“化”。化来化去，只是一物，故说“有化而无别，谓之一实”。既然只是一物，可见一切变化只限于本身，决无万物“以不同形相禅”的道理。

如此看来，荀子是不主张进化论的。他说：

欲观千岁，则数今日。欲知亿万，则审一二。欲知上世，则审周道。（《非相》）

这就是上文所说“古今一度也”之理。他又说：

夫妄人曰：“古今异情，其所以治乱者异道。”（今本作“以其治乱者异道”。王校云：《韩诗外传》正作“其所以治乱异道”。今从王校改）而众人惑焉。彼众人者，愚而无说，陋而无度者也。其所见焉，犹可欺也。而况于千世之传也？妄人者，门庭之间，犹可诬欺也，而况于千世之上乎？（同）

这竟是痛骂那些主张历史进化论的人了。

三、法后王

荀卿虽不认历史进化古今治乱异道之说，他却反对儒家“法先王”之说。他说：

圣王有百，吾孰法焉？曰（曰字上旧有故字，今依王校删）：文久而息，节族久而绝，守法教之有司，极礼而褫。故曰：欲观圣王之迹，则于其粲然者矣，后王是也。……舍后王而道上古，譬之是犹舍己之君而事人之君也。（同）

但是他要“法后王”，并不是因为后王胜过先王，不过是因为上古的制度文物都不可考，不如后王的制度文物“粲然”可考。所以说：

五帝之外无传人，非无贤人也，久故也。五帝之中无传政，非无善政也，久故也。禹汤有传政，而不若周之察也，久故也（察也下旧有“非无善政也”五字，此盖涉上文而衍，今删去）。传者久，则论略，近则论详。略则举大，详则举小。愚者闻其略而不知详，闻其细（旧作详，今依外传改）而不知其大也，故文久而灭，节族久而绝。（同）

四、论性

荀子论天，极力推开天道，注重人治。荀子论性，也极力压倒天性，注重人为。他的天论是对庄子发的，他的性论是对孟子发的。孟子说人性是善的，荀子说：

人之性恶，其善者伪也。（《性恶》）

这是荀子性恶论的大旨。如今且先看什么叫做“性”，什么叫做“伪”。荀子说：

不可学，不可事，而在人者，谓之性；可学而能，可事而成之在人者，谓之伪。（同）

又说：

生之所以然者，谓之性。性之和所生，精合感应，不事而自然，谓之性。性之好恶喜怒哀乐，谓之情。情然而心为之择，谓之虑。心虑而能为之动，谓之伪（“所以能之在人者谓之能”）。虑积焉，能习焉，而后成，谓之伪。（《正名》）

依这几条界说看来，性只是天生成的，伪只是人力做的（“伪”字本训“人为”）。后来的儒者读了“人之性恶，其善者伪也”，把“伪”字看做真伪的伪，便大骂荀卿，不肯再往下读了。所以荀卿受了许多冤枉。中国自古以来的哲学家都崇拜“天然”过于“人为”。老子、孔子、墨子、庄子、孟子都是如此。大家都以为凡是“天然的”都比“人为的”好。后来渐渐的把一切“天然的”都看作“真的”，一切“人为的”都看作“假的”。所以后来“真”字竟可代“天”字（例如《庄子·大宗师》：“而已反其真，而我犹为人猗。”以真对人，犹以天对人也。又此篇屡用“真人”皆作“天然的人”解。如曰“不以心捐道，不以人助天，是之谓真人”，又“而况其真乎？”郭注曰：“夫真者，不假于物，而自然者也。”此更明显矣）。而“伪”字竟变成“讹”字（《广雅·释诂》二“伪，为也。”《诗·兔爰》“尚无造”笺云：“造，伪也。”此伪字本义）。独有荀子极力反对这种崇拜天然的学说，以为“人为的”比“天然的” 更好。所以他的性论，说性是恶的，一切善都是人为的结果。这样推崇“人为”过于“天然”，乃是荀子哲学的一大特色。

如今且看荀子的性恶论有何根据？他说：

> 今人之性，生而有好利焉。顺是，故争夺生而辞让亡焉。生而有疾恶焉。顺是，故残贼生而忠信亡焉。生而有耳目之欲，有好声色焉。顺是，故淫乱生而礼义文理亡焉。然则从人之性，顺人之情，必出于争夺，合于犯分乱理，而归于暴。是故必将有师法之化，礼义之道，然后出于辞让，合于文理，而归于治。用此观之，然则人之性恶明矣，其善者伪也。（《性恶》）

这是说人的天性有种种情欲，若顺着情欲做去，定做出恶事来。可见得人性本恶。因为人性本恶，故必须有礼义法度，“以矫饰人之情性而正之，以扰化人之情性而导之”，方才可以为善。可见人的善行，全靠人为。故又说：

> 故枸木必将待檃栝烝矫然后直；钝金必将待砻厉然后利；今人之性恶，必将待师法然后正，得礼义然后治。……故性善则去圣王息礼义矣，性恶则兴圣王贵礼义矣。故檃栝之生，为枸木也；绳墨之起，为不直也；立君上，明礼义，为性恶也。（同）

这是说人所以必须君上礼义，正是性恶之证。

孟子把“性”字来包含一切“善端”，如恻隐之心之类，故说性是善的。荀子把“性”来包含一切“恶端”，如好利之心，耳目之欲之类，故说性是恶的。这都是由于根本观点不同之故。孟子又以为人性含有“良知良能”，故说性善。荀子又不认此说。他说人人虽有一种“可以知之质，可以能之具”（此即吾所谓“可能性”），但是“可以知”未必就知，“可以能”未必就能。故说：

> 夫工匠农贾未尝不可以相为事也，然而未尝能相为事也。用此观之，然则“可以为”未必为“能”也。虽不“能”，无害“可以为”，然则“能不能”之与“可不可”，其不同远矣。（同）

例如“目可以见，耳可以听”。但是“可以见”未必就能见得“明”，“可以听”未必就能听得“聪”。这都是驳孟子“良知良能”之说。依此说来，荀子虽说性恶，其实是说性可善可恶。

五、教育学说

孟子说性善，故他的教育学说偏重“自得”一方面。荀子说性恶，故他的教育学说趋向“积善”一方面。他说：

性也者，吾所不能为也，然而可化也。情也者，非吾所有也，然而可为也。注错习俗，所以化性也；并一而不二，所以成积也。习俗移志，安久移质。……涂之人百姓积善而全尽，谓之圣人。彼求之而后得，为之而后成，积之而后高，尽之而后圣。故圣人也者，人之所积也。人积耨耕而为农夫，积斫削而为工匠，积反货而为商贾，积礼义而为君子。工匠之子莫不继事，而都国之民安习其服。居楚而楚，居越而越，居夏而夏，是非天性也，积靡使然也。（《儒效》）

荀子书中说这“积”字最多。因为人性只有一些“可以知之质，可以能之具”，正如一张白纸，本来没有什么东西，所以须要一点一滴的“积”起来，才可以有学问，才可以有道德。所以荀子的教育学说只是要人积善。他说：“学不可以已”（《劝学》），又说：“骐骥一跃，不能十步；驽马十驾，功在不舍。锲而舍之，朽木不折；锲而不舍，金石可镂。”（同）

荀子的教育学说以为学问须要变化气质，增益身心。不能如此，不足为学。他说：

君子之学也，入乎耳，箸乎心，布乎四体，形乎动静；端而言，蠕而动，一可以为法则。小人之学也，入乎耳，出乎口：口耳之间，则四寸耳，曷足以美七尺之躯哉？（同）

又说：

不闻不若闻之，闻之不若见之，见之不若知之，知之不若行之。学至于行之而已矣。行之，明也。明之为圣人。圣人也者，本仁义，当是非，齐言行，不失毫厘。无它道焉，已乎行之矣。（《儒效》）

这是荀子的知行合一说。

六、礼乐

荀子的礼论乐论只是他的广义的教育学说。荀子以为人性恶，故不能不用礼义音乐来涵养节制人的情欲。看他的《礼论》篇道：

礼起于何也？曰：人生而有欲，欲而不得则不能无求，求而无度量分界，则不能不争。争则乱，乱则穷。先王恶其乱也，故制礼义以分之，以养人之欲而给人之求。使欲必不穷乎物，物必不屈（杨注：屈，竭也）。于欲，两者相持而长：是礼之所起也。故礼者，养也。……君子既得其养，又好其别。曷谓别？曰贵贱有等，长幼有差，贫富轻重皆有称者也。

这和《富国》篇说政治社会的原起，大略相同：

人伦并处，同求而异道，同欲而异知，性也。皆有所可也，知愚同。所可异也，知愚分。势同而知异，行私而无祸，纵欲而不穷，则民奋而不可说也。如是，则知者未得治也……群众未县也。群众未县，则君臣未立也。无君以制臣，无上以制下，天下害生纵欲。欲恶同物，欲多而物寡。寡则必争矣。百技所成，所以养一人也（言人人须百技所成。杨注以一人为君上，大误）。而能不能兼技，人不能兼官。离居不相待，则穷。群而无分，则争。……男女之合，夫妇之分，婚姻聘内，送逆无礼；如是，则人有失合之忧，而有争色之祸矣。故知者为之分也。

礼只是一个“分”字；所以要“分”，只是由于人生有欲，无分必争。《乐论》篇说：

夫乐者，乐也，人情之所不能免也。故人不能无乐。乐则必发于声音，形于动静：人之道也（此四字旧作“而人之道”，今依《礼记》改）。故人不能无乐，乐则不能无形。形而不为，道则不能无乱。先王恶其乱也，故制雅颂之声以道之，使其声足以乐而不流；使其文足以纶而不息；使其曲直繁省，廉肉节奏，足以感动人之善心；使夫邪污之气无由得接焉。……故乐者，所以道乐也。金石丝竹，所以道德也。……故乐者，治人之盛者也（此节诸道字，除第一道字外，皆通导）。

荀子的意思只为人是生来就有情欲的，故要作为礼制，使情欲有一定的范围，不致有争夺之患；人又是生来爱快乐的，故要作正当的音乐，使人有正当的娱乐，不致流于淫乱。这是儒家所同有的议论。但是荀子是主张性恶的。性恶论的自然结果，当主张用严刑重罚来裁制人的天性。荀子虽自己主张礼义师法，他的弟子韩非、李斯就老老实实的主张用刑法治国了。

第二篇　现当代哲学

五十年来之世界哲学

（一）引论

现在倒数上去五十年，正是 1872 年。我们且看那时候的哲学界是个什么样子。

（1）欧洲大陆上，浪漫主义的哲学（The Philosophy of Romanticism）已到了衰败分崩的时期了。海格尔（Hegel，1770—1831）已死了四十一年了。叔本华（Schopenhauer，1788—1860）已死了十二年了。组织伟大的哲学系统的狂热——培根说的“蜘蛛式”的哲学系统，因为他们都是从哲学家的脑子里抽想出来的伟大系统——忽然冷落了。最有势力的海格尔学派早已分裂了：“右”派的早已变成卫道忠君的守旧党了；“左”派的，在宗教的方面，有佛尔巴赫[①]（Feuerbach，1804—1866）与斯道拉斯（Strauss）的大胆的批评；在社会和政治方面，有马克思（Marx，1818—1883）与拉萨尔（Lassalle，1825—1864）的社会主义。

（2）实证主义（Positivism）的盛时也过去了。孔德（Comte，

①今译为“费尔巴哈”。

1798—1857）已死了十五年了。英国方面的弥儿（穆勒，John Stuart Mill，1806—1873），再隔一年（1873）也死了。英国还有一个斯宾塞（Herbert Spencer，1820—1903）此时还正当盛时，但他久已完全成为一个演化论的哲学家，久已不是十九世纪上半的实证主义者了。

（3）大陆上浪漫主义的余波此时变成了一种新的意象主义，又叫做“物观的意象主义”（Objective Idealism）。这一派的远祖是康德（Kant，1724—1804），但开宗的大师是洛茨（Lotze，1817—1881）。当1872年，他的重要著作已出了不少。1874，他的《Logik》出版；1879，他的《*Metaphysik*》出版；1884，这两部书都译成英文了。在英国方面，德国系的哲学向来没有势力；但到了这个时候，新意象主义也渐渐的有代表起来了。格林（T.H.Green，1836—1882）的名作，《*Introduction to Hume*》是1875年出来的。开耳得（Caird）的《*philosophy of Kant*》是1877年出来的。这一派的英国大师勃勒得来（F.H.Bradley，1846—）的两部不可解的名著，《*Principles of Logic*》与《*Appearance and Reality*》这时候都还不曾出来。但这个时代的英国哲学界——至少可以说，英国的大学教授所代表的哲学界，染上的德国色彩，已是很浓了。

（4）大陆上的思想界里，这一年（1872）忽然出了一个怪杰，叫做尼采（Nietzsche，1844—1900）。他的少年作品，《悲剧的产生》（*Die Geburt der Tragodie*）就出在这一年。这部书提出一种新的人生观。他用希腊的酒神刁匿修司（Dionysius）代表他的理想的人生观；他说刁匿修司胜于阿婆罗（Apollo，希腊的乐神），而阿婆罗远胜于苏格拉底（Socrates）——这就是说，生命重于美术，而美术重于智识。这就是尼采“重新估定一切价值”的第一步。

（5）1872 年 1 月 10 日，达尔文校完了他的《物类由来》[1]第六版的稿子。这部思想大革命的杰作，已出版了十三年了。他的《人类由来》（*The Descent of Man*）也出版了一年了。《物类由来》出版以后，欧、美的学术界都受了一个大震动。十二年的激烈争论，渐渐的把上帝创造的物种由来论打倒了，故赫胥黎（Huxley，1825—1895）在 1871 年曾说，“在十二年中，《物类由来》在生物学上做到了一种完全的革命，就同牛顿的 Principia 在天文学上做到的革命一样”。但当时的生物学者及一般学者虽然承认了物种的演化，还有许多人不肯承认人类也是由别的物类演化出来的。《人类由来》的主旨只是老实指出人类也是从猴类演化出来的。这部书居然销售很广，而且很快：第一年就销了二千五百部。这时候，德国的赫克尔（Haeckel）也在他的《*Naturliche Schopfungs Geschichte*》里极力主张同样的学说。当日关于这个问题——物类的演化——的争论，乃是学术史上第一场大战争。十年之后（1882），达尔文死时，英国人把他葬在卫司敏德大寺里，与牛顿并列，这可见演化论当日的胜利了。达尔文同时的斯宾塞，承认演化论最早（在《物类由来》出版之先）；他把进化的观念应用到社会科学和心理学上去。他的重要的著作早已出了好几种，这时候（1872）他正在完结他的《心理学》；他的《群学肄言》（*The Study of Sociology*）也是这一年出版的。

（6）1872 年九月里，达尔文的家里来了一个美国客人，叫做莱特（Chauncy Wright，1830—1875）。莱特在美国曾替达尔文的学说做过很有力的辩护（《达尔文传》第二册，页三二三以下）。他自己说，“我的目的是要把你（达尔文）的学说和一般的哲学研究，连贯起来”。这个莱特那时在美国康桥（Cambridge）同几个朋友组织了一个“玄学会”。会员之中，有皮耳士（C.S.Peirce，1839—1914）和詹姆士（William James，1842—1916）。这两个人便是

①《物类由来》，即是《物种起源》。

实验主义（Pragmatism）的开山大师。1873年，皮耳士动手做了一篇文章，这篇文章后来（1877）略有修改，在《科学通俗月刊》上发表。这篇的总题是《科学逻辑的举例》（*Illustrations of the Logic of science*），是实验主义的第一次发表。但是那时候大家还不注意这种学说，直到二十年后，詹姆士方才重新把这种学说传扬出去。

（7）1872是普法战争结局后的第二年。前一年，法兰西帝国改成了第三共和国，普鲁士王变成了新德意志帝国的皇帝；法国同普鲁士议和，割了两州的地；巴黎的市民暴动，组织"公立政府"（The Commune)；公立政府的结局——暴乱与惨酷——使法国的社会主义运动受了十年的挫折。但德国胜利之后，德国的社会主义却添了许多和平发展的机会。这时候（1872），拉萨尔（Lassalle）已死了八年了，马克思成了社会党的大宗师。马克思的《资本论》（*Das Kapital*）的第一册（1867）已出版了五年了。社会民主党已成了一种政治势力了（1873年，社会民主党得票4374380）。马克思在前八年（1864）组织了一个国际劳动者协会（International Working Men 's Association）。但巴枯宁（Bakunin）的无政府主义的鼓吹，普法战争的影响，巴黎公立政府的失败——这些事件使这"第一国际"四分五裂。这一年（1872）国际劳动者协会的总机关遂从伦敦移到纽约；不上五年，遂解散了。第一国际解散之后，马克思仍旧继续做他的资本论。

以上是这半世纪开幕时的哲学界的大势。我们对于第一项的旧浪漫主义，和第二项的旧实证主义，都可以不谈了。我们在这一篇里，只叙述

（1）新意象主义，

（2）尼采的哲学，

（3）演化论的哲学，

（4）实验主义，

（5）晚近的两个支流，

（6）社会政治学说。

（二）新的意象主义

洛茨（Lotze）精通医学与生理学，他受了科学的影响，却不满意于机械论的人生观。他总想调和科学的机械论与浪漫派的意象论（Idealism 或译为观念论，今译为意象论）。他从机械论入手，指出近世科学承认一切现象由于元子的交互作用。这些元子只是无数“力的中心”。但是究竟物的本体是物质的呢？还是精神的呢？洛茨要我们用“类推”法（比例）来解决这个问题。物的本体若是完全独立的，就不可知了。我们只能由已知“推知”未知。我们所以能直接了解我们自己的精神的现象，全靠心灵的综合力。宇宙的实际，也须译成精神的现象，方才可知。洛茨以为元子也是有生命的，并不是死的[这里面很有来本尼兹（Leibnitz）的影响]。实际（Reality）有种种的等级；人的心灵代表最高的一级，其余的以次递降下去，就是最低等的物质也有心灵的生活。

洛茨以后，德国有哈德门（Hartmann，1842—1906），费希纳（Fechner，1801—1871），心理学家温德（Wundt），都属于这一派。现存的老将倭铿（Eucken），反对理智主义与自然主义，鼓吹精神的生活，颇能替近代的宗教运动添一个理论的基础。

在英国方面，格林（Green）的《休谟哲学绪论》（*Introduction to Hume*）和他的《人生哲学导言》（*Prolegomena to Ethics*）是这一派开山的著作。格林是一个热心改良社会的人，做了许多社会服务的事业。当达尔文的进化论引起许多激烈讨论的时候，格林正当壮年。（1860 年 6 月 30 日牛津大学辩论进化论的大会——生物学史上最有名的一场舌战——格林也在座，他那时还是大学学生。）他对于这种自然主义的人生观，总觉得不能满意。人不单是物质的，他是精神的；

他有自觉力。人是那普遍的心灵的一个影子。他有欲望与情感，但人的欲望与禽兽的冲动不同：人能把他的冲动化成他自己的，变成自觉的，使欲望变成意志。人的特点就在他能想象一个胜于现在的境界，并且努力求达到那个境界。

格林不幸早死了。英国后起的新意象论派的哲学家，要算勃勒得来（Bradley）最重要了。他的哲学最不好懂，有人叫他做“近世哲学的柔诺（Zeno）”。他的名著叫做《现象与本体》（*Appearance and Reality*）。本体是绝对的（Absolute）。人类平常的经验知识，都只是片面的，不完全的知识。那绝对的本体是贯通的，谐和的，无所不包的。我们的经验知识，只是那大本体的一个具体而微的部分；虽不完全，却非虚幻，也可以算是一个小本体。我们单靠思想知识，是不能知道那绝对的本体的。只有直觉，只有直截的感觉，可以使我们领略本体的大意。

自从勃勒得来以来，这一派又叫做“绝对的意象论”（Absolute Idealism）。何以又叫做“物观的意象论”（Objective Idealism）呢？因为他们一方面承受休谟与康德的经验主义与意象主义，一方面又想拿海格尔的历史哲学来代替那新兴的进化论。绝对的本体是可知的，却又是不完全可知的。人心的作用，能把散漫的感觉与经验，组织一个宇宙；这个宇宙虽是不完全，却不是纯粹主观的，因为人人都有一个大同小异的宇宙；既然人人都有，互相印证，故可说是物观的。这个宇宙，这个宇宙观，是进化的。靠着知识科学的进步，由孩童的宇宙进到大人的宇宙，由常人的宇宙进到科学家哲学家的宇宙，由不完全的宇宙进到比较上略完全的宇宙，这就是进化。

这个学派，在五十年中，可算是大陆上“正宗”哲学的传人。他的势力在英国美国都很大。英国的大师是鲍生葵（Bosanquet），美国的大师是罗以斯（Royce，1855—1916）。狄雷教授（Thilly）在他的《哲学史》（页五六二）里略举美国哲学家属于这一派的，竟有二十人之多。但马文教授（W.T.Marvin）在他的《欧洲哲学史》里说（页三五五）：

在这里，哲学史家不得不指出，科学同这一派寂寞的，书生的学说，又宣告离婚了。也许将来科学还可以回来和他同居；但在今日，这一个运动虽然是大而重要，却只可算是欧洲哲学思潮的一个回波，不能算是正流了。

（三）尼采

尼采也是浪漫主义的产儿。他接受了叔本华的意志论，而抛弃了他的悲观主义。叔本华说的意志，是求生的意志；尼采说的意志，是求权力的意志。生命乃是一出争权力的大戏；在这戏里，意志唱的是正角，知识等等都是配角。真理所以有用，只是因为他能帮助生命，提高生命的权力。生命的大法是：各争权力，优胜劣败。生命的最高目的是造成一种更高等的人，造成"超人"。战争是自然的，是不可免的；和平是无生气的表示。为求超人社会的实现，我们应该打破一切慈悲爱人的教训。叔本华最推崇慈悲，尼采说慈悲可以容纵弱者而压抑强者，是社会进步的最大仇敌。

尼采反对当时最时髦的一切民治主义的学说。生命是竞争的，竞争的结果自然是强者的胜利。强者贤者的统治是自然的；一切平民政治的主张：民权，社会主义，共产主义，无政府主义，都是反自然的。不平等是大法，争平等是时人妄想。

尼采大声疾呼的反对古代遗传下来的道德与宗教。传统的道德是奴隶的道德，基督教是奴隶的宗教。传统的道德要人爱人，保障弱者劣者，束缚强者优者，岂不是奴隶的道德吗？基督教及一切宗教也是如此。基督教提倡谦卑，提倡无抵抗，提倡悲观的人生观，更是尼采所痛恨的。

尼采本是一个古学家，他在巴司尔（Basle）大学做古言语学的教授。他一身多病，他也是“弱者”之一！他的超人哲学虽然带着一点“过屠门而大嚼”的酸味，但他对于传统的道德宗教，下了很无忌惮的批评，“重新估定一切价值”，确有很大的破坏功劳。

（四）演化论的哲学

1872年的六版的《物类由来》，乃是最后修正本。达尔文在这一版的页四二四里，加了几句话：

> 前面的几段，以及别处，有几句话，隐隐的说自然学者相信物类是分别创造的。很有人说我这几句话不该说。但我不曾删去他们，因为他们的保存可以纪载一个过去时代的事实。当此书初版时，普通的信仰确是如此的。现在情形变了，差不多个个自然学者承认演化的大原则了。（《达尔文传》二，三三二）

当1859年《物种由来》初出时，赫胥黎在《太晤士报》[1]上作了一篇有力的书评，最末的一节说：

> 达尔文先生最忌空想，就同自然最怕虚空一样（“自然最怕虚空”Nature abhors a vacuum，乃是谚语）。他搜求事例的殷勤，就同一个宪法学者搜求例案一样。他提出的原则，都可以用观察与实验来证明的。他要我们跟着走的路，不是一条用理想的蜘蛛网丝织成的云路，乃是一条用事实砌成的大桥。那么，这条桥可以使我渡过许多

①今译为《泰晤士报》。

知识界的陷坑；可以引我们到一个所在，那个所在没有那些虽妖艳动人而不生育的魔女——叫做最后之因的——设下的陷人坑。古代寓言里说一个老人最后吩咐他的儿子的话是："我的儿子，你们在这葡萄园里掘罢。"他们依着老人的话，把园子都掘遍了；他们虽不曾寻着窖藏的金，却把园地锄遍了，所以那年的葡萄大熟，他们也发财了。（《赫胥黎论文》，二，页一一〇）

这一段话最会形容达尔文的真精神。他在思想史的最大贡献就是一种新的实证主义的精神。他打破了那求"最后之因"的方法，使我们从实证的方面去解决生物界的根本问题。

达尔文在科学方面的贡献，他的学说在这五十年中的逐渐证实与修正——这都是五十年的科学史上的材料，我不必在这里详说了。我现在单说他在哲学思想上的影响。

达尔文的主要观念是："物类起于自然的选择，起于生存竞争里最适宜的种族的保存。"他的几部书都只是用无数的证据与事例来证明这一个大原则。在哲学史上，这个观念是一个革命的观念；单只那书名——《物类由来》——把"类"和"由来"连在一块，便是革命的表示。因为自古代以来，哲学家总以为"类"是不变的，一成不变就没有"由来"了。例如一粒橡子，渐渐生芽发根，不久满一尺了，不久成小橡树了，不久成大橡树了。这虽是很大的变化，但变来变去还只是一株橡树。橡子不会变成鸭脚树，也不会变成枇杷树。千年前如此，千年后也还如此。这个变而不变之中，好像有一条规定的路线，好像有一个前定的范围，好像有一个固定的法式。这个法式的范围，亚里士多德叫他做"哀多斯"（Eidos），平常译作"法"。中古的经院学者译作"斯比西斯"（Species），正译为"类"。这个变而不变的"类"的观念，成为欧洲思想史的唯一基本观念。学者不去研究变的现象，却去寻现象背后的那个不变的性。那变的，特殊的，个体的，都受人的轻视；哲学家很骄傲的说："那不过是经验，算不得知识。"真知识须求那不变的法，求那统举的类，求那最后的因（亚里士多得[①]的"法"即是最后之因）。

十六七世纪以来，物理的科学进步了，欧洲学术界渐渐的知道注重个体的事实与变迁的现象。三百年的科学进步，居然给我们一个动的变的宇宙观了。但关于生物，心理，政治的方面，仍旧是"类不变"的观念独占优胜。偶然有一两个特别见识的人，如拉马克（Lamarck）之流，又都不能彻底。达尔文同时的地质学者，动物学者，植物学者，都不曾打破"类不变"的观念。最大的地质学家如来尔（Lyell），达尔文的至好朋友——何尝不知道大地的历史上一个时代有一个时代的生物？但他们总以为每一个地质的时代的末期必有一个大毁坏，把一切生物都扫去；到第二个时代里，另有许多新物类创造出来。他们始终打不破那传统的观念。

达尔文不但证明"类"是变的，而且指出"类"所以变的道理。这个思想上的大革命在哲学上有几种重要的影响。最明显的是打破了有意志的天帝观念。如果一切生物全靠着时时变异和淘汰不适于生存竞争的变异，方才能适应环境，那就用不着一个有意志的主宰来计划规定了。况且生存的竞争是很惨酷的；若有一个有意志的主宰，何以生物界还有这种惨剧呢？当日植物学大家葛雷（Asa Gray）始终坚执主宰的观念。达尔文曾答他道：

我看见了一只鸟，心想吃他，就开枪把他打杀了：这是我有意做的事。一个无罪的人站在树下，触电而死，难道你相信那是上帝有意杀了他吗？有许多人竟能相信；我不能信，故不信。如果你相信这个，我再问你：当一只燕子吞了一个小虫，难道那也是上帝命定那只燕子

①今译为"亚里士多德"。

应该在那时候吞下那个小虫吗？我相信那触电的人和那被吞的小虫是同类的案子。如果那人和那虫的死不是有意注定的，为什么我们偏要相信他们的“类”的初生是有意的呢？（《达尔文传》第一册，页二八四）

我们读惯了老子“天地不仁”的话，《列子》鱼鸟之喻，王充的自然论——两千年来，把这种议论只当耳边风，故不觉得达尔文的议论的重要。但在那两千年的基督教威权底下，这种议论确是革命的议论；何况他还指出无数科学的事实做证据呢？

但是达尔文与赫胥黎在哲学方法上最重要的贡献，在于他们的“存疑主义”（Agnosticism）。存疑主义这个名词，是赫胥黎造出来的，直译为“不知主义”。孔丘说，“知之为知之，不知为不知，是知也。”这话确是“存疑主义”的一个好解说。但近代的科学家还要进一步，他们要问，“怎样的知，才可以算是无疑的知？”赫胥黎说，只有那证据充分的知识，方才可以信仰，凡没有充分证据的，只可存疑，不当信仰。这是存疑主义的主脑。1860年9月，赫胥黎最钟爱的儿子死了，他的朋友金司莱（Charles Kinsley）写信来安慰他，信上提到人生的归宿与灵魂的不朽两个大问题。金司莱是英国文学家，很注意社会的改良，他的人格是极可敬的，所以赫胥黎也很诚恳的答了他一封几千字的信（《赫胥黎传》，一，页二三三—二三九）。这信是存疑主义的正式宣言，我们摘译几段如下：

……灵魂不朽之说，我并不否认，也不承认。我拿不出什么理由来信仰他，但是我也没有法子可以否证他。……我相信别的东西时，总要有证据；你若能给我同等的证据，我也可以相信灵魂不朽的话了。我又何必不相信呢？比起物理学上“质力不灭”的原则来，灵魂的不灭也算不得什么希奇的事。我们既知道一块石头的落地含有多少奇妙的道理，决不会因为一个学说有点奇异就不相信他。但是我年纪越大，越分明认得人生最神圣的举动是口里说出和心里觉得“我相信某事某物是真的”。人生最大的报酬和最重的惩罚都是跟着这一椿举动走的。这个宇宙，是到处一样的；如果我遇着解剖学上或生理学上的一个小小困难，必须要严格的不信任一切没有充分证据的东西，方才可望有成绩；那么，我对于人生的奇秘的解决，难道就可以不用这样严格的条件吗？用比喻或猜想来同我谈，是没有用的，我若说，“我相信某条数学原理”，我自己知道我说的是什么：够不上这样信仰的，不配做我的生命和希望的根据……

科学好像教训我“坐在事实面前像个小孩子一样；要愿意抛弃一切先入的成见；谦卑的跟着‘自然’走，无论他带你往什么危险地方去：若不如此，你决不会学到什么。”自从我决心冒险实行他的教训以来，我方才觉得心里知足与安静了。……我很知道，一百人之中就有九十九人要叫我做“无神主义者”（Atheist），或他种不好听的名字。照现在的法律，如果一个最下等的毛贼偷了我的衣服，我在法庭上宣誓起诉是无效的（1869以前，无神主义者的宣誓是无法律上的效用的）。但是我不得不如此。人家可以叫我种种名字，但总不能叫我做“说谎的人”。

这种科学的精神——严格的不信任一切没有充分证据的东西——就是赫胥黎叫做“存疑主义”的。对于宗教上的种种问题持这种态度的，就叫做“存疑论者”（Agnostic）。达尔文晚年也自称为“存疑论者”。他说：

科学与基督无关，不过科学研究的习惯使人对于承认证据一层格外慎重罢了。我自己是不信有什么“默示”（Revelation）的。至于死后灵魂是否存在，只好各人自己从那些矛盾而且空泛的种种猜想里去下一个判断了。（《达尔文传》，一，页二七七）

他又说：

我不能在这些深奥的问题上面贡献一点光明。万物缘起的奇秘是我们不能解决的。我个人只好自居于存疑论者了。（同书，一，页二八二）

这种存疑的态度，五十年来，影响于无数的人。当我们这五十年开幕时，“存疑主义”还是一个新名词；到了 1888 年至 1889 年，还有许多卫道的宗教家作论攻击这种破坏宗教的邪说，所以赫胥黎不能不正式答辩他们。他那年作了四篇关于存疑主义的大文章：

（1）论存疑主义，
（2）再论存疑主义，
（3）存疑主义与基督教，
（4）关于灵异事迹的证据的价值。

此外，他还有许多批评基督教的文字，后来编成两厚册，一册名为“科学与希伯来传说”，一册名为“科学与基督教传说”（《赫胥黎论文》，卷四，卷五）。这些文章在当日思想界很有廓清摧陷的大功劳。基督教当十六七世纪时，势焰还大，故能用威力压迫当日的科学家。葛里赖（Galileo）受了刑罚之后，笛卡儿（Descartes）就赶紧把他自己的“天论”毁了。从此以后，科学家往往避开宗教，不敢同他直接冲突。他们说，科学的对象是物质，宗教的对象是精神，这两个世界是不相侵犯的。三百年的科学家忍气吞声的“敬宗教而远之”，所以宗教也不十分侵犯科学的发展。但是到了达尔文出来，演进的宇宙观首先和上帝创造的宇宙观起了一个大冲突，于是三百年来不相侵犯的两国就不能不宣战了。达尔文的武器只是他三十年中搜集来的证据。三十年搜集的科学证据，打倒了二千年尊崇的宗教传说！这一场大战的结果——证据战胜了传说——遂使科学方法的精神大白于世界。赫胥黎是达尔文的作战先锋（因为达尔文身体多病，不喜欢纷争），从战场上的经验里认清了科学的唯一武器是证据，所以大声疾呼的把这个无敌的武器提出来，叫人们认为思想解放和思想革命的唯一工具。自从这个“拿证据来”的喊声传出以后，世界的哲学思想就不能不起一个根本的革命——哲学方法上的大革命。于是十九世纪前半的哲学的实证主义（Positivism）就一变而为十九世纪末年的实验主义（Pragmatism）了。

斯宾塞也是提倡演化论的人，达尔文称他做前辈。然而他对于演化论的本身，不曾有多大的贡献；他的大功劳在于把进化的原则应用到心理学，社会学，人生哲学上去。

他在1860年出版了他的《原理论》（*First Principles*），书的前面附有一篇广告，说他要陆续发表一部《哲学全书》，全书的顺序如下：

（1）《原理论》

部甲，不可知的。

部乙，可知的原理。（如《力的永存》《进化的大法》等等）

（2）《生物学原理》：分二册，六部。（目从略）

（3）《心理学原理》：分二册，八部。

（4）《社会学原理》：分三册，十一部。

（5）《道德学原理》：分二册，六部。

最初买预约券的人名也附在后面，中有弥儿（穆勒），达尔文，赫胥黎的名字。他这部大书出了三十六年（1860—1896）方才出完；中间经过许多经济上的困难，幸而他的年寿高，居然能完了他这个宏愿。他的哲学是我们不能在这篇短文里讨论的。我们现在只能指出他的进化论（Evolution一个字，我向来译为“进化”，近来我想改为“演化”。本篇多用“演化”，但遇可以通用时，亦偶用“进化”。）应用时的几个特别贡献。

斯宾塞说万物的演化，分三个时期。第一个时期是积聚，例如太阳系宇宙最初的星气，又如地球初期在星气内成的球形，又如生物初期的营养。第二个时期是划分——所谓由“由浑而画”——例如由星气分为各天体，又如每一天体分为各部分，又如生物分为各种构造与官能。这个划分的时期呈现一个分离的趋势，如果有一方面太偏重了，必致陷入瓦解的危险。所以须有第三个时期的安定，安定就是调和分与合之间，保存一种和均。但这种和均的安定是不能永久的，将来仍旧要重新经过这三时期的演进。

我们先看他在生物学上的应用。他说，生命是内部（生理的）关系和外面关系的适应。一个生物不但承受外来的感觉，并且因此发生一种变化，使他将来对于外境的适应更胜于未变化之前。种类上，生理上的变异是外来势力的影响，那种适宜的变异就得自然的选择，就生存了。达尔文说这是“自然的选择”，斯宾塞说，不如叫他做“最适者的生存”；因为种种生理上的变化，虽是环境的影响，却也是生物对付环境的“作用”（Function）的积渐结果。

这个观念，应用到心理学上去，就把心的现象也看作“适应”的作用。他说，心理的生活和生理的生活有同样的性质，两种生活都是要使内部关系和外部关系互相适应。从前的人把“意识”（Consciousness）说的太微妙了，其实意识也是一种适应的作用。人受的印象太多了，不能不把他们排列成一种次序；凡是神经的作用，排成顺序，以便适应外面的境地的，便是意识。斯宾塞把意识看做一种适应，这个观念后来颇影响了现代的新派心理学。

在人心行为的方面，斯宾塞也很有重大的贡献。他用适应和不适应来说明行为的善恶。刀子割得快，是“好”刀子；手枪发的远，放的准，是“好”手枪；房子给我们适当的蔽护和安逸，是“好”房子。雨伞不能遮雨，是“坏”雨伞；皮靴透进水来，是“坏”皮靴。人的行为的好坏，也是如此的。有些行为是没有目的的，没有目的便没有好坏可说，便不发生道德问题。凡有目的的行为，都是要适应那个目的的。“我们分别行为的好坏，总是看他能否适应他的目的。”斯宾塞又拿这个观念来说行为的进化；他说，幼稚的行为是适应不完全的行为；行为越进化，目的与动作的互相适应越完密。他这种行为论，在最近三十年的道德观念和教育学说上都有不小的影响。

（五）实验主义

我们在第一章里说美国人莱特（Wright）要想把达尔文的学说和一般的哲学研究，连贯起来。这个莱特在美国康桥办了一个“玄学会”，这个会便是实验主义的发源之地。会员皮耳士（Peirce）在1873年做了一篇《科学逻辑的举例》，这篇文章共分六章，第二章是论《如何能使我们的意思明白》。这两个标题都是很可以注意的，因为我们在这里可以看出实验主义最初的宗旨是要用科学方法来把我们所有的意思的意义弄的明白。皮耳士是一个大科学家，所以他的方法只是一个“科学试验室的态度”（“The laboratory attitude”）。他说，“你对一个科学实验家无论讲什么，他总以为你的意思是说某种实验法若实行时定有某种效果。若不如此，你说的话他就不懂得了”。他平生只遵守着这个态度，所以说，“一个观念的意义完全在那观念在人生行为上所发生的效果。凡试验不出什么效果来的东西，必定不能影响人生行为。所以我们如果能完全求出承认某种观念时有那么些效果，不承认他时又有那么些效果，如此我们就是这个观念的完全意义了。除掉这些效果之外，更无别种意义。这就是我所主张的实验主义”。（*Journal of Philos., Psy., and Sc. Meth. XIII. No. 26, p. 710* 引）

他这一段话的意思是说，一切有意义的思想都会发生实际上的效果。这种效果便是那思想的意义。若问那思想有无意义或有什么意义，只消求出那思想能发生何种实际的效果；只消问若承认他时有什么效果，若不承认他时又有什么效果。若不论认他或不认他，都不发生什么影响，都没有实际上的分别，那就可说这个思想全无意义，不过胡说的废话。

皮耳士又说，“凡一个命辞的意义在于将来。（命辞或称命题Propesition。）何以故呢？因为一个命辞的意义还只是一个命辞，还只是把原有的命辞翻译成一种法式使他可以在人生行为上应用”。他又说，“一个命辞的意义即是那命辞所指出一切实验的现象的通则”（同上书P .711引）。这话怎样讲呢？我且举两条例。譬如说“砒霜是有毒的”。这个命辞的意义还只是一个命辞。例如“砒霜是吃不得的”，或是“吃了砒霜是要死的”，或是“你千万不要吃砒霜”。这三个命辞都只是“砒霜有毒”一个命辞所涵的实验的现象。后三个命辞即是前一个命辞翻译出来的应用公式，即是这个命辞的真正意义。又如说，“闷空气是害卫生的”，和“这屋里都是闷空气”。这两个命辞的意义就是叫你“赶快打开窗子换换新鲜空气”！

皮耳士的学说不但是说一切观念的意义在于那观念所能发生的效果；他还要进一步说，一切观念的意义，即是那观念所指示我们应该养成的习惯。“闷空气有害卫生”一个观念的意义在于他能使我们养成常常开窗换新鲜空气的习惯。“运动有益身体”一个观念的意义在于他能使我们养成时常作健身运动的习惯。科学的目的只是要给我们许多有道理的行为方法，使我们从信仰这种方法生出有道理的习惯。这是科学家的知行合一说。这是皮耳士的实验主义。（参看*Journal of Philos., Psy., and Sc. Meth.XIII. No. 21, pp.709—720*）

皮耳士的实验主义只是一种方法论。我们在上章曾指出赫胥黎的存疑主义是一种思想方法，他的要点在于注重证据。对于一切迷信，一切传说，他只有一个作战的武器，是“拿出证据来”。这个态度，虽然确是科学的态度，但只是科学方法的一方面，只是消极的破坏的方面。赫胥黎还不曾明白科学方法在思想上的完全涵义。何以见得呢？赫胥黎的《论文》的第一卷，大多是论科学成绩的文章，他自己还题一个总目，叫做“方法与结果”。他还做一篇小序，说本卷第四篇说的是笛卡儿指出的科学判断必不可少的条件；其余八篇说的都是笛卡儿的方法应用到各方面将来的结果。但笛卡儿的方法只是一个“疑”字；赫胥黎明明指出笛卡儿的方法只是不肯信仰一切不清楚分明的命辞，只是把一个“疑”字从罪过的地位升作一种责任了。赫胥黎认清了这个“疑”字是科学精神的中心，他们当时又正在四面受敌不能不作战的地位，所以他的方法只是消极的部分居多，还不能算是科学方法的完全自觉。皮耳士的实验主义，方才把科学方法的积极消极两方面的含义发挥出来，成为一种哲学方法论。在积极的方面，皮耳士指出“试验”作标准：“一个观念的意义完全在于那观念在人生行为上发生的效果。承认他时，有什么效果？不承认他时，有什么效果？如此，我们就有这个观念的完全意义。”在消极的方面，他指出凡试验不出什么效果的都没有意义。这个标准，比笛卡儿的“明白”“清楚”两个标准更厉害了。

皮耳士的文章是1877年出版的；当时的人都不很注意他。直到二十年后，詹姆士用他的文学的天才把这个主义渐渐的传播出来，那时候机会也比较成熟了，所以这个主义不久便风行一世了。

但詹姆士是富于宗教心的人。他虽是实验主义的宣传者，他的性情根本上和实验主义有点合不拢来。他在1896年发表一篇《信仰的心愿》（*The Will to Believe*），反对赫胥黎一班人的存疑主义。赫胥黎最重证据，和他同时的有一位少年科学家克里福（W．K．Clifford，1845—1879）也极力拥护科学的怀疑态度来攻击宗教。克里福虽然死的很早，（死时只有三十多岁）但他的《论文与讲演集》（*Lectures and Essays*）却至今还有人爱读，他有一段话说：

如果一个人为了自己的安慰和愉快，就信仰一些不曾证实不曾疑问的命题，那就是侮辱信仰了。……没有充分证据的信仰，即使他能发生愉快，那种愉快是偷来的。……我们对于人类的责任是要防御这样的信仰，就同防御瘟疫一样，不要使自己染了瘟疫还传染全城的人。……无论何时，无论何地，无论何人，凡没有充分证据的信仰，总是错的。

这种宣言，詹姆士大不满意；他就引来做他的《信仰的心愿》的出发点。他很诙谐的指出这班人说的事事求“物观的证据”（Objective evidence）是不可能的。他说：

物观的证据，物观的确实，确是很好的理想。但是在这个月光照着，梦幻常来寻着的星球上，那里去寻他们呢？……互相矛盾的意见曾经自夸有了物观的证据的，也不知有过多少种了！“有一个上帝”——“上帝是没有的”；“心外的物界是可以直接知得的”——“心只能知他自己的意象”；“有一种无条件的道德命令”——“道德成为义务是欲望的结果”；“人人有一个长在的心灵”——“只有起灭无常的心境”；“因果是无穷的”——“有一个最后之因”；“一切都是不得已（Necessity）”——“自由”；……我们回想古来适用这个物观证据的主义到人生上去的，最惊人的莫如当日教会的异端审问局（The Holy Office of Inquisition）。我们想到这一层，就不十分高兴去恭听那物观证据的话了……

我是不能依克里福的话的。我们须记得，我们对于真理与谬误的责任心其实都是我们的情感生活的表现。……那说“宁可永没有信仰，不可信仰诳话”的人，不过表示他太怕上当罢了。也许他能防制他的许多欲望和畏惧；但这个怕上当的畏惧，他却奴隶也似的服从他。至于我呢，我也怕上当；但我相信人在这个世界比上当更坏的事多着呢！所以克里福的教训在我耳朵里很有一种风狂的声音，很像一个大将训令他的兵士们“宁可完全不打仗，不可冒受微伤的危险”。战胜敌人与战胜天然，都不是这样得来的。我们的错误断乎不是那样十分了不得的大事。在这个世界里，无论怎样小心，错误总是不能免的，倒不如把心放宽点，胆放大点罢。

他的主张是：

有时候，有些信仰的去取是不能全靠智识方面来决断的；当这样时候，我们情感方面的天性不但正可以，并且正必须出来决断。因为，当这样时候，若说“不要决断，还是存疑罢”，那还是一种情感上的决断，结果也许有同样的危险——放过真理。

他拿宗教的问题做例：

存疑的态度仍旧免不了这个难关；因为那样做去，若宗教是假的，你固可以免得上当；若宗教竟是真的，你岂不吃亏了么？存疑的危险，岂不同信仰一样吗？（信仰时，若宗教是真的，固占便宜；若是假的，便上当了。）譬如你爱上了一个女子，但不能断定现在的安琪儿将来不会变作母夜叉，你难道因此就永远迟疑不敢向他求婚了吗？

詹姆士明明白白的宣言：

假如宗教是真的，只是证据还不充分，我不愿意把你的冷水浇在我的热天性上，因而抛弃我一生可以赌赢的唯一机会——这个机会只靠我愿意冒险做去，只当我情感上对世界的宗教态度毕竟会不错的。

这就是“信仰的心愿”。这个态度是一种赌博的态度：宗教若是假的，信仰的上当，存疑的可以幸免；但宗教若是真的，信仰的便占便宜，存疑的便吃亏了。信仰与存疑，两边都要冒点险。但是人类的意志(Will)大都偏向占便宜的方面，就同赌博的人明知可输可赢，然而他总想赢不想输。赫胥黎一派的科学说，“输赢没有把握，还是不赌为妙”。詹姆士笑他们胆小，他说“不赌那会赢？我愿意赌，我就赌，我就大胆的赌去，只当我不会输的！”

他这种态度，也有他的独到的精神。他说：

假如那造化的上帝对你说：

我要造一个世界，保不定可以救援的。这个世界要做到完全无缺的地位，须靠各个分子各尽他的能力。我给你一个机会，请你加入这个世界。你知道我不担保这世界平安无事的。这个世界是一种真正冒险事业，危险很多，但是也许有最后的胜利。这是真正的社会互助的工作。你愿意跟来吗？你对你自己，和那些旁的工人，有那么多的信心来冒这个险吗？

假如上帝这样问你，这样邀请你，你当真怕这个世界不安稳竟不敢去吗？你当真宁愿躲在睡梦里不肯出头吗？

这是詹姆士的“淑世主义”（Meliorism）的挑战书。詹姆士自己是要我们大着胆子接受这个哀的米敦书的。他很嘲笑那些退缩的懦夫，那些静坐派的懦夫。他说，“我晓得有些人有不愿去的。他们觉得那个世界里须要用奋斗去换平安，这是很没有道理的事。……他们不敢相信机会。他们想寻一个世界，要可以歇肩，可以抱住爹爹的头颈，就此被吹到那无穷无极的生命里面，好像一滴水滴在大海里。这种平安清福，不过只是免去了人世经验的种种烦恼。佛家的涅槃，其实只不过免去了尘世的无穷冒险。那些印度人，那些佛教徒，其实只是一班懦夫。他们怕经验，怕生活。……他们听见了多元的淑世主义，牙齿都打战了，胸口的心也骇得冰冷了”。詹姆士自己说，“我吗？我愿意承认这个世界是真正危险的，是须要冒险的；我决不退缩，我决不说“我不干了！”

詹姆士的哲学确有他的精彩之处，但终不免太偏向意志的方面，带的意志主义（Voluntarism）的色彩太浓重了，不免容易被一般宗教家利用去做宗教的辩护。实验主义本来是一种方法，一种评判观念与信仰的方法；到了詹姆士手里，方法变松了，有时不免成了一种辩护信仰的方法了。即如他说：

依实验主义的道理看来，如果“上帝”那个假设有满意的功用——此所谓满意，乃广义的——那假设便是真的。

皮耳士的方法，这样活用了，就很有危险了。所以皮耳士很不以为然，觉得Pragmatism这个名字被詹姆士用糟了，他想把那个名词完全让给詹姆士一派带有意志主义色彩的“实际主义”，而他自己另造一个字Pragmaticism来表明他的“实验态度”。杜威也不赞成詹姆士的意志主义，所以他不用Pragmatism的名称，自称为“工具主义”（lnstrumentalism），又称为“试验主义”（Experimentalism）。只有英国的失勒（F.C.S.Schiller）一派的“人本主义”（Humanism），名称上虽有不同，精神上却和詹姆士最接近。

现在单说杜威的工具主义。杜威始终只认实验主义是一种方法论，故他最初只专力发挥实验主义的逻辑一方面，这种逻辑他叫做“工具的逻辑”，后来也叫做“试验的逻辑”。1907年，詹姆士出了一部书，叫做“实验主义”，他想把皮耳士，杜威，失勒，以及欧洲学者倭斯袜（Ostwald），马赫（Mach）的学说都贯串在一块，看作一个哲学大运动。这书也谈玄学，也谈知识论，也谈常识，也论真理，也论宇宙，也论宗教。杜威觉得他这种大规模的综合是有危险的，所以他做了一篇最恳切的批评，叫做“实验主义所谓‘实际的’是什么”，后来成为他的《试验的逻辑杂论》（*Essays in Experimental Logic*）的一篇。杜威把詹姆士论实验主义的话，总括起来，作为实验主义的三个意义：第一，实验主义是一种方法；第二，是一种真理论；第三，是一种实在论。杜威引詹姆士的话来说明这三项如下：

（1）方法论　詹姆士总论实验主义的方法是“要把注意之点从最先的物事移到最后的物事；从通则移到事实，从范畴移到效果”。（看《胡适文存》卷二，页九五）

（2）真理论　“凡真理都是我们能消化受用的；能考验的，能用旁证证明的，能稽核查实的。凡假的都是不能如此的。”“如果一个观念能把我们一部分的经验引渡到别一部分的经验，连贯的满意，办理的妥帖，把复杂的变简单了，把烦难的变容易了。——如果这个观念能做到这步田地，他便‘真’到这步田地，便含有那么多的真理。”（看《胡适文存》卷二，页九八——〇二）

（3）实在论　“理性主义以为实在（Reality）是现成的，永远完全的；实验主义以为实在还在制造之中，将来造到什么样子便是什么样子。”“实在好比一块大理石到了我们手里，由我们雕成什么像。”（看同书卷二，页一〇五——〇七）

但杜威指出实验主义虽有这三种意义，其实还只是一种方法论。他把方法论再分析出来，指出他的三种应用。（甲）用来规定事物（Objects）的意义，（乙）用来规定观念（Ideas）的意义，（丙）用来规定一切信仰的意义。

（甲）事物的意义。詹姆士引德国化学大家倭斯袜（Ostwald）

的话，“一切实物能影响人生行为；那种影响便是那些事物的意义。”他自己也说，“若要使我们心中所起事物的感想明白清楚，只须问这个物事能生何种实际的影响——只须问他发生什么感觉，我们对于他起何种反动”。譬如说“闷空气”，他的意义在于他对于呼吸的关系和我们开窗换空气的反动。

（乙）观念的意义。我们如要规定一个观念的意义，只须使这观念在我们经验以内发生作用。把这个观念当作一种工具用，看他在自然界能发生什么变化，什么影响。一个观念（意思）就像一张支票，上面写明可支若干效果；如果这个自然银行见了这张支票即刻如数现兑，那支票便是真的——那观念便是真的。

（丙）信仰的意义。信仰包括事物与观念两种，不过信仰所包事物观念的意义是平常公认为已确定了的。若要决定这种观念或学说的意义，只须问，“如果这种学说是真的，那种学说是假的，于人生实际上可有什么分别吗？如果无论哪一种是真是假都没有实验上的区别，那就可证明这种表面不同的学说其实是一样的，一切争执都是废话”。

以上是杜威就詹姆士书里搜括出来的方法论。杜威自己著的书，如《我们如何思想》，如《试验的逻辑杂论》，都特别注重思想的工具的作用。怎样是“工具的作用”呢？杜威说：

> 我们人，手里的大问题是：怎样对付外面的变迁才可以使这些变迁朝着那于我们将来的活动有益的方向走。……生活的进行全在能管理环境。生活的活动必须把周围的变迁一一变换过；必须使有害的势力变成无害的势力；必须使无害的势力变成帮助我们的势力。

这种生活就是经验。经验全是一种“应付的行为”；思想知识就是应付未来的重要工具。向来的哲学家不明白经验的真性质，所以有些人特别注重感觉，只认那细碎散漫的感觉为经验的要义；有些人特别注重理性，以为细碎的感觉之上还应该有一个综合组织的理性。前者属于经验主义，后者属于理性主义。近代生物学和心理学发达的结果，使我们明白这种纷争是不必有的。杜威指出感觉和推理都是经验（生活）的一部分。平常的习惯式的动作，例如散步，读小说，睡觉，本没有什么段落可分；假如散步到一个三岔路口，不知道那一条是归路，那就不能不用思想了；又如读书读到一处忽然上下不相接了，读不下去了，那就又不能不用思考的工夫了。这种疑难的境地便是思想的境地，困难的感觉便是思想的动机，“便是思想的挑战书”。感觉了困难之后，我们便去搜求解决困难之法，这便是思想。思想是解决困难的工具。当搜求解决的方法之时，我们的经验知识便都成了供给资料的库藏。从这库藏里涌出来了几个暗示的主意，我们一一选择过，斥退那些不适用的，单留下那最适用的一个主意。这个主意在此时还只是一种假设的解决法；必须他确能解决那当前的困难，必须实验过，方才成为证实的解决。解决之后，动作继续进行；散步的继续散步，读书的继续读书，又回到顺适的境地了。

我们可以把思想的层次画一个略图：

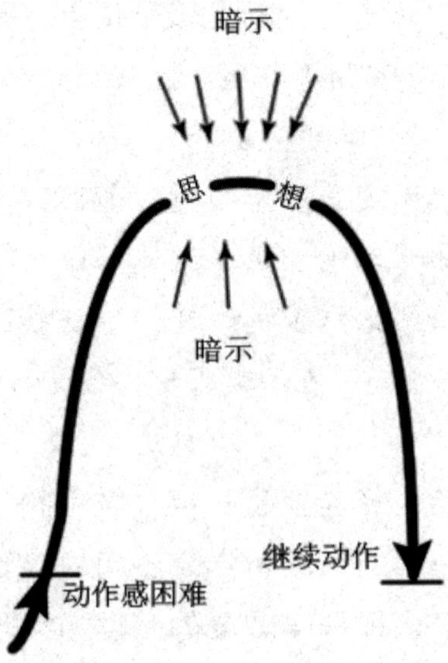

仔细分析起来，凡是有条理的思想，大概都可以分作五步：（1）感觉困难；（2）寻出疑难所在；（3）暗示的涌现；（4）评判各种暗示的解决，假定一个最适用的解决；（5）证实（就是困难的解决）。——在这五步里，究竟何尝单是细碎的感觉？又何尝有什么超于经验的理性？从第一步感觉困难起，到最后一步解决困难止，步步都是一段经验的一个小部分，都是一个“适应作用”的一个小段落。

杜威在他的新著《哲学的改造》（1920）里说：

……我们现在且看从古代生活到近代生活，“经验”本身遭遇的变化。在柏拉图眼里，经验只是服从过去，服从习惯。经验差不多等于习俗——不是理性造的，也不是用心造成的，只是从很无意识的惯例相习成风的。所以在柏拉图眼里，只有“理性”可以解放我们，使我们不做盲从习俗的奴隶。

到了培根和他那一派的哲学家，我们就可以看出一个奇怪的翻案。理性和他手下的许多抽象观念倒变成守旧拘迂的分子了。经验却变成解放的动力了。在培根一派的眼里，经验指那新的分子，使我们不要拘守旧习惯，替我们发见新的事实与真理。对于经验的信仰，并不产生顽固，却产生了谋进步的努力。

这个古今的不同，正因为大家都不知不觉的承认了，所以是格外可注意的。这一定是因为人生实在的经验上起了一种具体的重大的变化了。因为人们对于“经验”的见解究竟是跟着实际经验来的，而且是仿照那实际的经验的。

当希腊的数学和其他理性的科学（Rational Science）发达的时候，科学的学理不曾影响到平常的经验。科学只是孤立的，离开人事的，从外面加入的。医术总算是含有最多量的实证知识了，但医术还只是一种技术，不曾成为科学。况且当日各种实用的技术里也没有有意的发明与有目的的改良。匠人只知道摹仿遗传下来的模型；不依老样式做去，往往退步了。技术的进步，或者是慢慢的无意的逐渐衍变出来的，或者是一时兴到，偶然创出的一种新式。既然没有自觉的方法，只好归功于神助了。在社会政术的方面，像柏拉图那样的彻底改革家，只觉现有的弊病都是因为缺乏可以仿效的型范。匠人制器，尚有型范可以依据，而社会国家里反没有这种型范。哲学家应该供给这种法象；法象成立之后，应该得宗教的尊崇，艺术的装点，教育的灌输，行政官的执行，总要使他们一成不变。

试验的科学的发达，使人们能制裁他们的环境；这本是不用再详说的了。但这种制裁是和那旧日的经验观不相容的，然而人们常常忽略了这一层，所以我们不能不指出：经验从“经验的”（Empirical）变为“试验的”（Experimental）的时候，有一件根本重要的事就发生了。从前人们用过去经验的结果，只不过造成一些习惯，供后人来盲目的服从或盲目的废弃。现在人们从旧经验里寻出目的和方法来发展那新而且更好的经验。所以经验竟积极的自己制裁自己了。诗人莎士比亚曾说“没有法子可以改善‘自然’，但‘自然’自己供给那种法子”。我们也可拿他说“自然”的话来说经验。我们不用专抄老文章，也不须坐待事变来逼迫我们变化。我们用过去经验来创造新而更好的将来经验。经验的本身就含有他用来改善自己的手续了。

所以智识——所谓“理性”——并不是外加在经验上的东西。他固是经验所暗示的，固须靠经验来证实的；但他又可以从种种发明里用来扩充经验，使经验格外丰富。……康德哲学里的“理性”，是用来介绍普遍性与秩序条理到经验里去的：那种“理性”，在我们现在看起来，很可以用不着了；那不过是一班中了古代形式主义和繁琐术语的毒的人捏造出来的。我们只要那过去经验里出来的一些具体的意思——依据现在的需要，渐渐发展成熟；用来做具体改造的目的与方法；并且用适应的事业的成败来试验过——就尽够了。这些从经验出来，积极的用在新的目的上的种种意思，我们就叫做“智慧”（Intelligence）。

（页九二—九六）

杜威在这几段里指出古今人对于“经验”的态度所以不同，正因为古今人实际的经验确已大不相同了。古人的经验是被动的，守旧的，盲目的，所以古哲学崇拜理性而轻视经验。今人的经验，因为受了试验科学的影响，是主动的支配自然，是进取的求革新，是有意识的计划与试验，所以培根以来有许多哲学家推崇经验而攻击理性和他的附属物。但人们究竟不肯轻易打碎他们磕头膜拜过的偶像，所以总想保存一个超于经验之上而主持经验的“理性”。这是两千年欧洲哲学史的一个总纲领。杜威指出，我们正用不着康德们捏造出来的那个理性。经验的活用，就是理性，就是智慧，此外更没有什么别的理性。人遇困难时，他自然要寻求应付的方法；当此时候，他的过去的经验知识里，应需要的征召，涌出一些暗示的意思来。经验好像一个检察官，用当前的需要做标准，一项一项的把这些暗示都审查过，把那些不相干的都发放回去，单留下一个最中用的；再用当前的需要做试金石，叫那个留下的假设去实地试验，用试验的成败定他的价值。这一长串连贯的作用——从感觉困难到解决困难——都只是经验的活用。若说“既有作用，必还有一个作用者”，于是去建立一个主持经验的理性：那就是为宇宙建立一个主宰宇宙的上帝的故智了！

杜威的这一个中心观念，把哲学史上种种麻烦的问题——经验与理性，感觉与理智，个体与名相，事与理——都解决了。他在《创造的智慧》（*Creative Intelligence*）里，曾说：

智识上的进步有两条道路。有时候，旧观念不必十分改变，更不必完全抛弃，只须扩大范围，精密研究，知识也就因此增加了。有时候，知识的增加只要性质的变换，不要数量的增加。人心觉得有些老问题实在不值得讨论了；从前火热的意思，现在退凉了；从前很迫切的兴趣，现在冷淡了。人们的道路改了一个方向了；从前的困难，现在都不成问题了，从前不注意的问题，现在倒变大了。那些老问题未必就解决了，但他们用不着解决了。（页三）

杜威觉得哲学史上有许多问题都是哲学家作茧自缚的问题，本来就不成问题，现在更用不着解决了。我们只好“以不了了之”。他说：

如果哲学不弄那些“哲学家的问题”了，如果哲学变成解决“人的问题”的哲学方法了，那时候便是哲学光复的日子到了。（同书，页六五）

（六）晚近的两个支流

这一章名为“晚近的两个支流”。我也知道“支流”两个字一定要引起许多人的不平。但我个人观察十九世纪中叶以来的世界思潮，自不能不认达尔文、赫胥黎一派的思想为哲学界的一个新纪元。自从他们提出他们的新实证主义来，第一个时期是破坏的，打倒宗教的威权，解放人类的思想。所以我们把赫胥黎的存疑主义特别提出来，代表这第一时期的思想革命。（许多哲学史家都不提起赫胥黎，这是大错的。他们只认得那些奥妙的“哲学家的问题”，不认得那惊天动地的“人的问题”！如果他们稍有一点历史眼光，他们应该知道二十五百年的思想史上，没有一次的思想革命比1860到1890年的思想革命更激烈的。一部哲学史里，康德占四十页。而达尔文只有一个名字，而赫胥黎连名字都没有，那是决不能使我心服的。）第二个时期是新实证主义的建设时期：演化论的思想侵入了哲学的全部，实证的精神变成了自觉的思想方法，于是有实验主义的哲学。这两个时期是这五六十年哲学思潮的两个大浪。但在这汹涌的新潮流之中，我们还可以看出一些回波，一些支派，内中那旧浪漫主义的回波，我们已说过了《第二章》。现在单叙最近三十年中的两个支流，一个是法国柏格森的新浪漫主义，一个是英美两国的新唯实主义。

（A）柏格森（Henri Bergson,1859—）

实证主义——无论旧的新的——都是信仰科学的。科学家的基本信条是承认人的智慧的能力。科学家的流弊往往在于信仰理智太过了，容易偏向极端的理智主义（Intellectualism），而忽略那同样重要的意志和情感的部分。所以在思想史上，往往理智的颂赞正在高唱的时候，便有反理智主义的（Anti-intellectualism）喊声起来了。在旧实证主义的老本营里，我们早就看见孔德的哲学终局成了孔德的宗教。在新实证主义的大本营里，那实验主义的大师詹姆士也早已提出意志的尊严来向赫胥黎们抗议了。同时法国的哲学家柏格森也提出一种很高的反理智主义的抗议。

柏格森不承认科学与论理可以使我们知道"实在"的真相。科学的对象只是那些僵死的糟粕，只是那静止的，不变的，可以推测预料的。在那静止的世界里，既没有个性，又没有生活，科学与论理是很有用的。但是一到了那动的世界里，事事物物都是变化的，生长的，活的——那古板的科学与论理就不中用了。然而人的理智（Intellect）偏不安本分，偏要用死的法子去看那活的实在；于是他硬把那活的实在看作死的世界；硬说那静的是本体，而动的是幻象；静止是真的，而变动是假的。科学家的理想的宇宙是一个静止的宇宙。科学的方法是把那流动不息的时间都翻译成空间的关系，都化成数量的和机械的关系。这样的方法是不能了解"实在"的真相的。

柏格森说，只有"直觉"（Intuition）可以真正了解"实在"。直觉就是生活的自觉。这个宇宙本来是活的，他有一种创造向前的力——柏格森叫他做"生活的冲动"（Elan Vital）——不断的生活，不息的创造。这种不息的生活向前，这种不断的变迁，不能用空间的关系来记载分析，只是一种“真时间”（Duree）。这种真时间，这种“实在”，是理智不能了解的。只有那不可言说的直觉可以知道这真实在。

柏格森也有一种进化论，叫做“创造的进化”（Creative Evolution）。这种学说假定一个二元的起原：一方面是那死的，被动的物质；一方面是那“生活的冲动”。生命只是这个原始冲动在物质上起作用的趋势。这个原始冲动是生物演化的总原因。他在种子里，一代传给一代，积下过去的经验，不断的向前创造，就同滚雪球一样，每一滚就加上了一些新的部分。这个冲动的趋势，是多方面的，是无定的，是不可捉摸的。他的多方面的冲动，时时发生构造上，形体上的变异；变异到了很显著时，就成了新的种类了。他造成的结果，虽是很歧异的，虽是五花十色的，其实只是一个很简单的唯一趋势——就是那生活的冲动。

我们拿动物的眼睛做个例。从一只苍蝇的眼，到人的眼，眼的构造确有繁简的不同；但每一种动物的眼各有他的统一的组织；他的部分虽然极繁复，而各有一个单一的“看”的作用。机械论的生物学者只能用外境的影响来解释这一副灵妙繁复的机器的逐渐造成，但他们总不能说明何以各微细部分的统属呼应。至于目的论者用一个造物主的意志来解释，更不能满意了。柏格森用那原始的生活冲动来解释；因为有那“看”的冲动，那看的冲动在物质上自然起一个单一的作用，那单一的作用自然发生一个统一的互应的构造。那冲动越向前，那构造也越加精密。但每一个构造——自极幼稚的到极高等的——各自成为一个统一完备的组织。

柏格森又用一个很浅近的比喻。假如我们伸一只手进到一桶铁屑里去，伸到一个地位，挤紧了，不能再进去了：那时候，铁屑自然挤成一种有定的形式——就是那伸进去的手和手腕的形式。假如那手是我们看不见的，那么，我们一定要想出种种话头来解释那铁屑的组织了：有些人说，每一粒铁屑的位置只是四周的铁屑的动作的结果，那就是机械论了；有些人说，这里面定有一个目的的计划，那又是目的论了。但是那真正的说明只是一桩不可分析的动作——那手伸进铁屑的动作。这个动作到的所在，物质上起了一种消极的阻力，就成了那样的集合了（《创造的进化》，页八七—九七）。眼睛的演化也是如此。

柏格森批评那机械式的演化论，很有精到的地步。但是他自己的积极的贡献，却还是一种盲目的冲动。五十年来，生物学对于哲学的贡献，只是那适应环境的观念。这个观念在哲学界的最大作用，并不在那机械论的方面，乃在指出那积极的，创造的适应，认为人类努力的方面。所谓创造的适应，也并不全靠狭义的理智作用，更不全靠那法式的数学方法。近代科学思想早已承认"直觉"在思考上的重要位置了。大之，科学上的大发明，小之，日用的推理，都不是法式的论理或机械的分析能单独办到的。根据于经验的暗示，从活经验里涌出来的直觉，是创造的智慧的主要成分。我们试读近代科学家像法国班嘉赉的《科学与假设》（*Poincare,Science and Hypothesis*），和近代哲学家像杜威们的《创造的智慧》，就可以明白柏格森的反理智主义近于"无的放矢"了。

（B）新唯实主义（New Realism）

近年的一个最后的学派是新唯实主义。"唯实主义"（Realism）的历史长的很哩。当中古时代，哲学家争论"名相"（Universals）的实性，就发生了三种答案：

（1）名相的实在，是在物之先的：未有物时，先已有名相了。这一派名为柏拉图派唯实论。

（2）名相不能超于物先；名相即在物之中。这一派名为亚里士多德派唯实论。

（3）名相不过是物的名称；不能在物之先，也不在物之中，乃是有物之后方才起的。这一派名为唯名论（Nominalism）。

中古以后，哲学史上的纷争总脱不了这三大系的趋势。唯名论又名“假名论”，因为他不认名相的实在，只认为人造的称谓(《杨朱篇》，“名无实，实无名。名者，伪而已矣”)。所以唯实论其实是承认名相的真实，而唯名论其实乃是“无名论”。大抵英国一系的经验哲学是假名论的代表；而大陆上的理性哲学是唯实论的代表。所以极端的唯心论（意象论）乃出在英国的经验学派里，而大陆上理性派的大师笛卡儿乃成一个唯物论者！这件怪异的事实，我们若不明白中古以来唯实唯名的背景，是不容易懂得的。

最近实验主义的态度虽然早已脱离主观唯心论（Subjective idealism）的范围了，但他认经验为适应，认真理为假设，认知识为工具，认证实为真理的唯一标准，都带有很浓厚的唯名论的色彩。在英国的一派实验主义——失勒的人本主义——染的意象论的色彩更多。在这个时候，英国、美国的新唯实主义的兴起，自然是很可以注意的现象。英国方面，有罗素（Bertrand Russell）等；美国方面，有何尔特（E.B.Holt），马文（W. T. Marvin）等。何尔特和马文等六位教授在1910年出了一个联名的宣言，名为“六个唯实论者的第一次宣言”；1912年又出了一部合作的书，名为“新唯实主义”。

我们先引他们的《第一次宣言》来说明新唯实论的意义。他们说：

> 唯实论主张：物的有无与认识无关；被知识与否，被经验与否，被感觉与否，都与物的存否无关；物的有无，并不依靠这种事实。

六个唯实论者之中，马文教授于1917年出了一部《欧洲哲学史》，那书的末篇第七章是专论新唯实主义的。我们略采他的话来说明这一派在历史上的地位。马文说：关于“知识的直接对象是心的（Mental）呢，还是非心的呢”一个问题，共有四种答案：

(1)笛卡儿以来的二元论者说科学能推知一个物的(非心的)世界。

(2)存疑派的现象论者(Agnostic phenomenalists)说科学只能知道那五官所接触的境界,此外便不能知道了。

(3)意象论者(Idealists),包括那主观的唯心论者和那物观的意象论者,根本推翻二元论,竟不认有什么超于经验的物界。

(4)新唯实论者说我们须跳过笛卡儿,跳过希腊哲学,重新研究什么是"心的",重新研究知识与对象的关系。

新唯实论者批评前三派,共有两大理由。第一,笛卡儿的二元论和他引起的主观主义,有了三百年历史的试验,结果只是种种不能成立的理论,仍旧不能解决笛卡儿当日提出"心物关系"的老问题。这一层,我们不细述了。(可看马文原书,页四一一—四一三。)第二,这种二元论和他对于"心的"的见解,都从希腊思想里出来的。希腊思想假定两个重要观念:一个是"本体"(Substance)的观念,一个是"因果"的观念。这两个观念,在近代科学里都不能存在了,所以我们现在应该用现代科学作根据,重新研究什么是"心的"。这第二层,确是很重要的,故我们引马文的话来说明:

自从葛理赖以来,科学渐渐脱离"因"的观念,渐渐用数学上的"函数"(Function)的观念来代他。……例如圆周之长,就是半径的函数,因为圆半径加减时,圆周同时有相当的加减。又如杠杆上应加的压力,就是杠杆的定点的函数。……函数只是数学上用来表示相当互变的两个级系之间的一种关系。……科学进步以来,所谓"因"的,都化成了这种函数的关系:我们研究天然事物越精,这些函数的关系越明显,那野蛮幼稚的思想里的"因"和"力"越容易不见了。"自然"成了一个无穷复杂的蛛网,他的蛛丝就是数学上所谓"函数"。

“心与物怎样交相作用呢”？关于这个问题，我们不会把他们看作相为因果的两种本体了，我们只须去寻出两个级系之间的函数的关系。这些关系都可以用试验研究去寻出来，都不是供悬想的理论去辩驳的东西。这些关系都是可以观察的，并不关什么不可知的本体。这样一来，那心物关系的老问题就全没有了。……

对于“本体”（Substance）的观念，也可用同样的驳难。普通的思想总以为世间有许多原质，如木石金水等等；物体就是这些原质组成的。不但如此，普通人还以为一物的原质可以说明那物的行为或“性质”。因为这是钢，所以是坚硬的；因为他是木，所以可烧；……但是在严格的科学思想里，这些观念和仙鬼魔术同属于幼稚时代的悬想。依科学看来，物所以成物，所以有他的特别作用，所以有他的特性，全因为他的构造（Structure）。假若我们还要问什么是构造，科学说，构造就是组织，就是各部分间的关系。这个太阳系的宇宙所以如此运行，所以有他的特性，全是因为他的组织。吹烟成圈，吹笛成音，……都只指出物的本性不过是他的构造的假面。近代科学渐渐的抛弃“本体”的观念和搜求本体的志愿了。（化学家也渐渐知道，他的所谓“元子”并不是向来所谓原质，只是组织不同的物质。）

近世思想上的这两个变迁，就是新唯实论的基础：新唯实论解决心和知识的问题的方法，只是要人抛弃那古代思想传下来的“因”与“本体”的老观念，而用近代科学里“构造”与“函数”两个观念来用到心的生活的事实上去。

马文又说新唯实主义论“心”的主张是：

人心并不是一个最后不可分析的东西，也决不是一个本体。心有一个构造，现在渐渐研究出来了。心有各部分，因为疾病可以损害一些部分，而不能损害另一些部分；教育可以改变一些部分，而不能改变另一些部分。……至少有一部分已经有了说明了。这种说明大要都是生物学的说明。我们的肢体是配着我们的环境的，我们的心也是如此。我们的肢体是遗传的，心的特性也是遗传的。我们的筋力配做种种相当的筋力伸缩，我们也有冲动，愉快，欲望等等来引起相当的筋力伸缩。心的某种特性多用了，那种特性就会格外发展；不用他，他就萎弱了。……总而言之，神经系统的生理学渐渐的使我们明白心的作用，心的发展，心的训练。科学研究心越进步了，心和物的关系越见得密切了，那向来的心物二元论也就越见得没有道理了。

关于“知识”的作用，新唯实论者也认为一种“关系”。他们也受了生物学的影响，所以把这种关系看作“生物的一种反应”。马文说：

知识这件事（Knowing）并不是什么不可思议的作用，他不过是这个世界里的一件平常事实，正和风吹石落一样；他也很容易研究，正和天然界里的一切复杂事实一样。……知识不过是一种复杂的行为，复杂的反应。……我们的神经系统是不适宜于应付那全个的世界的，我们所有的那些生成的或学来的反应，自然是很不完全的。错误就是这种不完全的反应。（页四一三—四四二）

以上述新唯实论者的基本主张。他们对于历史上因袭下来的“哲学家的问题”虽不像实验主义者“以不了了之”的爽快，但他们的解决法确也有很精到的地方。但我们看新唯实论者的著作，总不免有一种失望的感想：他们究竟跳不出那些“哲学家的问题”的圈子。他们自命深得科学的方法，他们自以为他们的哲学是建筑在科学方法之上的；然而他们所谓“哲学里的科学方法”究竟是什么？关于这个问题，英国的唯实论者罗素说的最多，我们请他来答复，罗素在他的“哲学里的科学方法”（《神秘主义与逻辑》页九七——二四）里，曾说：

第一，一个哲学的命辞必须是普通的。他必不可特别论到地球上的事物，也不可论到这太阳系的宇宙，也不可论到空间和时间的任何部分。……我主张的是：有一些普通的命辞可以适用到一切个体事物，例如论理学上的命辞。……我要提倡的哲学可以叫做“逻辑的元子论”或叫做“绝对的多元论”，因为他一方面承认多物的存在，一方面又否认这许多物组成的全体……

第二，哲学的命辞必须是先天的（Apriori）。一个哲学命辞必须是不能用经验上的证据来证实的，也不能用经验上的证据来否证的。……无论这个实在世界是怎样组成的，哲学说的话始终是真的。（页一一〇——一一一）

假如我们用这两个标准来评哲学，我们可以说几千年来还不曾有哲学。况且他们的“科学方法”，也实在是奇怪的很！罗素说哲学同“逻辑”无别，而逻辑只管两部分的事：

第一，逻辑只管一些普通的原理，这些原理可以施于事事物物，而不须举出某一物，某种表词，或某种关系。例如：“假如X是A类的一员，而凡A类的各员都是B类的一员，则X是B类的一员，无论XAB是什么。”

第二，他只管“逻辑的法式”（Logical forms）的分析与列举。这种法式就是那些可能的命辞的种类，事实的各种，事实的组合，分子的分类。这样做去，逻辑供给我们一本清单，列举着种种“可能”（Possibilities），列举着种种抽象的可能的假设。（页一一二）

现在姑且不说这样缩小哲学范围的是否正当。我们要问，如果科学不问“经验的证据”，他们更从何处得来那些“普通的原理”？他们说，须用分析。然而分析是很高等的一个知识程度，是经验知识已进步很高的时代的一种产物，并不是先天的。人类从无量数的“经验的证据”里得来今日的分析本事，得来今日的许多“逻辑的法式”，现在我们反过脸来说“哲学的命辞须是不能用经验上的证据来证实或否证的”，这似乎有点说不过去罢？

我们观察我们这个时代的要求，不能不承认人类今日的最大责任与最需要是把科学方法应用到人生问题上去。然而罗素的《哲学里的科学方法》却说哲学命辞“必不可论到地球上的事物，也不可论到空间或时间的任何部分”。依这个教训，那么，哲学只许有一些空廓的法式，“可以适用到一切个体事物”。假如人生社会的问题果然能有数学问题那样简单画一，假如几个普遍适用的法式——例如“X=A，A=B，∴ X=B”——真能解决人生的问题，那么，我们也可以跟着罗素走。但这种纯粹“法式的哲学方法”，斯平挪莎（Spinoza）在他的“笛卡儿哲学”和“人生哲学”里早已用过而失败了。罗素是现代提倡这种“科学方法的哲学”的人，然而他近几年来谈到社会问题，谈到政治问题，也就不能单靠那“不论到地球上的事物而可以适用到一切个体事物”的先天原则了。

罗素在牛津大学演讲《哲学里的科学方法》时，正是1914年；那年欧战就开始了，罗素的社会政治哲学也就开始了。我们读了罗素的政论，读了他反对国家主义与共产主义的议论，处处可以看出罗素哲学方法的背影。那个背影是什么呢？就是他的个人主义的天性。他反对强权，反对国家干涉个人的自由，反对婚姻的制度，反对共产主义，反对国家社会主义，处处都只是他这种个人主义的天性的表现。他的哲学——“逻辑的元子论”或“绝对的多元论”——“一方面承认多物的存在，一方面又否认这许多物组成的全体”，其实只是他的个人主义的哲学方式。我们与其说罗素的哲学方法产生了他的个人主义的政治哲学，不如说他的个人主义的天性影响了他的哲学方法。同一个数学方法，那一位哲学家只看见数学上“只认全称而不问个体”的方面，康德是也；这一位哲学家虽然也看见了数学上“只认法式而不问内容”的方面，却始终只认个体而不认个体组成的全体，罗素是也。这种表面上的矛盾，其实骨子里还只是个人天性的区别。

我们对于新唯实主义，可以总结起来说：他们想用近代科学的结果来帮助解决哲学史上相传下来的哲学问题，那是很可以佩服的野心；但他们的极端，重分析而轻综合，重“哲学家的问题”而轻“人的问题”，甚至于像罗素的说法，不许哲学论到地球上的事物，不许经验的证据来证实或否证哲学的命辞——那就是个人资性的偏向，不能认为代表时代的哲学了。

（七）五十年的政治哲学的趋势

这五十年中的政治哲学很有几个重大的变迁：（一）从放任主义变到干涉主义，（二）从个人的国家观变到联群的国家观，（三）从一元的主权论变到多元的主权论。（以下是高一涵先生代作的）

照白尔克（E.Barker）说：自 1848 年到 1880 年是放任主义盛行的时代。放任主义有两层意思：对内，把政府活动的范围缩到最小的限度；对外，实行自由贸易的政策。这时斯宾塞（Herbert Spencer）有两部代表个人主义的最重的著作出现：一是《社会的静止观》（*Social Statics*）（1850 年出版的），一是《个人与国家》（*The Man Versus The State*）（1885 年出版的）。但是放任主义的命运似乎已经走到末路来了。一方面又有文学家如加莱尔（Carlyle）罗斯金（Ruskin）等，都想把社会的生活放在伟人的引导和军政的组织之下，这种理想便是放任主义的对头。自 1870 年福斯特（Forster）已经制成国家干涉教育的条例；1880 年格林（Green）在牛津（Oxford）讲演《政治义务的原理》（*The Principle of Political Obligation*），主张国家得排除侵犯个人自由的障碍。自 1880 年以后，社会主义已经盛行。激烈的社会主义如马克思（Karl Marx）一派，极力的主张阶级战争；稳健的社会主义如英国Fabians，又极力的主张改革。这两派的主张虽然不同，但是有一个共同之点：就是都想把经济生活完全放在国家或社会的支配之下。白尔克说得好，他说：

当1864年，凡不信任国家的都是正统派，凡是信任政府干涉的都是异端；到1914年（因为他的《政治思想小史》是在这一年中做的），凡信任国家的都是正统派，凡是趋向无政府主义的都是异端。（见《政治思想小史》第一章绪论）

这是从放任主义变到干涉主义的明证。

个人主义大概都以为国家只是孤立的个人的总集体，在个人之外再不能不注重群的结合。边沁（Bentham）一派虽然赞成职工组合（Trade Union），但是他们只承认职工组合是达到个人自由竞争的一种方法。近五十年来，学者对于群的观念很和从前不同。近来的学者如白尔克柯尔（G.D.H.Cole）福莱（M.P.Follett）等都认定国家的基础不是建筑在孤立的个人之上，只建筑在群的上边。这些群，正如丝丝相接的网子一样，这条线连到那条线，没有一条线不与别条线发生关系。福莱在他的《新国家》（*The New State*）中说：十九世纪的法理学（如个人权利，个人契约，个人自由之类）都是建筑在孤立的个人一个旧观念上。他的著作，就想打破这种个人观念的谬说，极力说明群的意志和群的感情。他的平民政治就是在互相关系的个人的基础上建设起来的。白尔克也是抱这种见解，且看他说：

如果我们要是现在的个人主义者，我们便是联群的个人主义者。我们的个人正在结合成群。我们不要再做《个人与国家》的书，只做《群与国》（*The Group Versus the State*）的书。现在联合主义（Federalism）盛行，普通人都以为单一国享有唯一的主权，是一种错误的见解，同生活的实际不相符。我们以为每个国家多少总是联合的社会，包括许多不同的人群，不同的教会，不同的经济组织在内，每个团体都可以行使对于团员的支配权。联合主义的感情异常的普及。新社会主义已经丢开独受中央支配的集产主义的方法，在行会（Guild）名义之下造群。他承认国家为生产的工具的主人，要求把这种工具的动用权付托于各种同业行会管理之下；想教国家来鼓奖文化，要求由行会管理经济的生活。（见《政治思想小史》第六章）

柯尔也是这样主张。他想打破以个人为单位的代表制，甲以职业团体为单位的代表制（见《社会学理》*Social Theory* 第六章）；想打破集产于国家的学说，代以集产于行会的学说（见《工业自治》）。所以现在的国家是联群而成的国家，现在的文明是群产生的文明；从前个人主义家心目中赤条条的个人，早已不在现在政治哲学家的心目之中了（以上是高一涵先生作的，以下是张慰慈先生作的）。

现今政治哲学方面最重要的争点就是主权论。主权论的学说共有两种：一元说的和多元说的主权论。一元说的主权论就是普通一般政治学者所早已承认的学说，是把主权看做国家至尊无上的统治权。照这一元说的学说，国家是社会中的政治组织，有强制执行其意志的权力。那强制执行的权力就叫做主权，就是政治组织的根本基础。这一种政治组织的特质有四种：

（一）有一定的土地，在那范围之内，国家对于各种人民或人群均有绝对的权力。

（二）统一——在一国之内，只有一个主权。

（三）主权是绝对的，无限制的，不可让弃的，不能分的。

（四）个人自由是发源于国家，由国家保障的。

主张一元说的学者，总是极力注重国家对于人民或人群那一种直接的和绝对的权力。他们说：

无论在什么地方，一元总是发现于多元之先的。所有的多元是发生于一元，是归纳于一元的。所以要有秩序必须把那多元抑制在一元之下。如非一元有管理多元之权，引导多元达到其目的，多元的公共事业万不能做起来。统一是万物之基础，所以也是各种社会生存之基础。

这一元说的主权论倡始于布丹。欧洲当封建时代之末期，时局非常扰乱，贵族与贵族争，贵族与国王争，国王又与教皇争，社会上纷乱的现象达到极点，人民的生命财产毫无保障，国家是差不多陷于无政府的危境。所以非有一个强有力的君主出来，不能救人民于水火，拯社会于沉溺。国王权力的扩张，实在是当时社会上的需要。专制君主政体最先实现于法国，所以说明这新制度所根据的新学说也发现于法国。

民治主义发展以后，人民对于主权的态度，虽经一次的改变，但是那一元说主权论的根本观念仍旧继续存在。十八世纪以后的主权论只不过把“人民”这名词来代替“君主”这名词罢了。不过那时所谓“人民”也决不能包括全体的人民，只不过是中等社会以上的人民罢了；所谓民权民意也只不过是中等社会人的权利意志罢了。中等社会人因工业革命而得到财产，又因财产所有权而得到政权。他们有了金钱，无论什么事都容易做得到。在各国政府里边，这一阶级的人占了极优胜的地位，所以他们的目的只要维持社会秩序，保持他们自己的地位。他们的方法就是把国家抬高起来，把法律看做人民公共的意志，把主权当作国家的政治基础。但是近年来，社会上的情形又不同了，劳工阶级无产阶级均要求社会给他们一种公平待遇；但是国家法律，差不多全是为中级社会而设的法律，政府机关也在中级社会人民手中，劳工阶级和无产阶级实在不能靠社会上固有的学说，固有的制度，来达到他们所要求的“公平”，所以那一元说的主权论就受了一部分人民的攻击。

主张多元说的主权论的健将要推法国的狄格（Duguit）和英国拉斯基（Laski）两个人。他们绝对不承认国家为社会中至尊无上的组织，高出于其余的各种组织之上。他们说：

人民在社会之中，组织各种各样的团体，有宗教的团体，有文化的团体，有社交的团体，有经济的团体。他们有教会，有银行清算联合会，有医学会，有工业联合会，凡人民间有利害关系发生之处，他们总是群聚起来，组织一个团体。

人民对于这种种团体，也和他们对于国家同样的尽心尽力，同样的服从。照拉斯基说，这多元的社会观

否认那一元的社会，一元的国家。……凡与人民相接触的无数团体均能影响于人民的举动，不过我们万不能说人民的本身就因之而被那种团体并吞了。社会的作用只有一种，不过那一种作用可以用种种方法解说，并可用种种方法达到其目的。这样分析起来，国有只不过是人类社会中的一种团体。国家的目的不必一定就和社会的目的相适合；犹如教会的，或工团联合的目的，不一定就是社会的目的。那种团体自然有种种关系，由国家管理的，不过那种团体并不因之而就在国家权力之下。国家权力的至尊无上完全是一种错误的想象。……在道德的作用方面，教会是不在国家之下的。在法律的作用方面，国家的尊高是……误认“国家就是社会”的结果。我们如果注重于国家的内容一方面，那一元说的错误就显而易见了。国家既是治者和被治者所组织的社会，国家的尊高当然有种种的限制：（一）国家只能在其职权的范围以内，不受外界的限制；（二）只有在那种未经人民抗议的职权范围以内，国家才有最高的执行权力。

除出那种学理方面的攻击之外，还有许多运动从事实方面攻击那种根据于一元说学理所发生的政治制度。这种种运动的目的，或者是极力提倡社会中各种团体的权利，使之不受国家的侵犯；或者是想把那政治管理权分配于各种职业，使各种职业在一定的范围以内，有自治权力；或者再用别种方法，设立一种分权的政治制度。在英国，在法国，现今有种种势力极大的运动，其作用均想从根本上改造现今的政治制度；改造的方法或从组织方面入手，使国内各种职业，各种利益均有派出政治代表的权，分掌政治方面的权力，或从职权方面入手，把国家权力范围以内，分出一部分职权，由各地方机关执行。至于那种种运动的性质不是在这一篇文章的范围以内，故不叙述。我们单把这些运动的名称列举于下：

（一）职业代表制度

（二）行政方面的分权

（三）地方分权的趋势（Begionlism and Distributivism）

（四）基尔特社会主义（Guild Socialism）

（五）工团主义（Syndicalism）

这都是从一元的主权论到多元的主权论的明证。（以上是张慰慈先生作的。）

统观这几十年的政治思想的变迁，有几点不可不加说明。第一，从放任主义到干涉主义，自然是从不信任国家到信任国家了；然而近年的趋势，要求国家把政治管理权分给地方，分给各种职业，根本上却不是和“信任国家”的趋势相反的。十八世纪和十九世纪前半的放任主义，只是智识阶级对于当时政府不满意的表示。政府不配干涉，偏爱干涉，所以弄得稀糟，引起人民“别干涉我们罢！”的呼声。十九世纪中叶以后，欧洲政治稍稍革新，人民干政的范围大扩张，大陆上国家社会主义的干涉政策的成效也大显了，故人民对于国家的信任也渐渐增加起来。但十九世纪的政治究竟还只是中等阶级的政治。到了近年，小资产阶级与无产阶级渐渐起来，团体也坚固了，势力也成形了。他们不能信任那建立于资产阶级之上的集中政府，而要求一个分权于地方和分权于职业的政府。他们的运动，并不是根本上不信任国家，只是要求一个更可以代表人民意志和利益的国家；并不是无政府的运动，只是一种改善政府组织的运动。

第二，多元主义的政治学说，并不是个人主义的复活，乃是个人主义的修正。凡是个人主义者，无论古今中外，都有一个共同的特点：他们一方面只认个人，一方面却也认那空荡荡的“大我”“人类”；他们只否认那介于“人类”与“我”之间的种种关系，如家庭，国家之类。他们因为不愿意受那些关系的束缚，所以想象出种种“天然的权利”（旧译“天赋人权”）来做反抗的武器。一元主义的政治学说早已指出他们的谬误了。一元主义说，“权利”（right）是法律的产儿；没有社会的承认和法律的保障，那有权利可说？一元主义的话虽然也有理，但总不能使个人主义者心服。多元主义的政治哲学虽然不否认个人，但也不认个人是孤立的；多元主义不但不否认家庭国家的真实，并且指出个人与人类之间还有无数“重皮叠板”的关系。你在家是一个儿子；在宗教方面是一个浸礼会会员；在职业方面是印刷工人会的会员，又是上海工人联合会的会员；在政治方面是国民党的党员，是妇女参政运动会的会计，又是一个中华民国的国民。你在每一个团体里，有权利，也有义务；受影响，也影响别人；受管理，也管理别人。国家不过是这种种人类社会的一种；公民的权利义务不过是种种人类关系的一种。所以白尔克说：

如果我们要是现在的个人主义者，我们便是联群的个人主义者。

所以现在的政治问题不是斯宾塞说的“个人对国家”的问题，乃是白尔克们说的“群对国家”的问题了。

第三，现在的政治思想何以不反抗“干涉主义”呢？十八世纪的几块大招牌——“自由”“平等”——到了十九世纪的下半，反变成资产阶级的挡箭牌了。工人要求政府干涉资本家，要求取缔工厂和改善劳工待遇的立法，资本家便说这是剥夺他们营业的“自由”；便说这种劳动立法是特殊阶级的立法（Class Legislation），是违背“平等”的原则的。放任主义的政治的结果早已成了有力阶级压制无力阶级的政治！所以赫胥黎批评斯宾塞的放任主义，叫他做“行政的虚无主义”。现代的思想所以不反抗干涉主义，正因为大家渐渐明白了政治的机关是为人民谋福利的一种重要工具。这个工具用的得当时，可以保障社会的弱者，可以限制社会的强暴，可以维持多数人民的自由，可以维持社会的比较的平等。所以现代的政府强迫儿童入学而父母不反抗，强制执行八时工作而工厂主人不敢反抗，禁止儿童做工而不为剥夺做工的自由，抽富人所得税至百之五十以上而不为不平等。所以现代的政治问题不是如何限制政府的权限的问题，乃是如何运用这个重要工具来谋最大多数的福利的问题了。所以我们与其沿用那容易惹起误会的“干涉主义”，不如叫他做“政治的工具主义”罢。

十一，九，五

哲学的将来（提要）

（一）哲学的过去

过去的哲学只是幼稚的、错误的或失败了的科学。

宇宙论——天文学、物理学、生物学、生物化学。

本体论——物理、化学、生物、物理化学、生物化学。

知识论——物理学、心理学、科学方法。

道德哲学——社会学、人类学、心理学、生物学、遗传学。

政治哲学——经济学、统计学、社会学、史学……

（二）过去的哲学学派只可在人类知识史与思想史上占一个位置，如此而已。

哲学既是幼稚的科学，自然不当自别于人类知识体系之外。

最早的 Democritus 以及 Epicurus 一派的元子论既可以在哲学史上占地位，何以近世发明九十元子的化学家，与伟大的 Mendelief 的元子周期律不能在哲学史上占更高的地位?

最早乱谈阴阳的古代哲人既列在哲学史，何以三四十年来发现阴电子（Electron）的 Thomson 与发现阳电子（Proton）的 Rutherford 不能算作更伟大的哲学家?

最早乱谈性善性恶的孟子、荀子既可算是哲学家，何以近世创立遗传学的 George J.Mendel 不能在哲学史上占一个更高的地位?

最早谈井田均产的东西哲学家都列入哲学史，何以马克思、布鲁东、亨利乔治（Henry George）那样更伟大的社会学说不能在哲学史占更高的地位?

（三）哲学的将来

1. 问题的更换

问题解决有两途：

（1）解决了。（2）知道不成问题，就抛弃了。

凡科学已解决的问题，都应承受科学的解决。

凡科学认为暂时不能解决的问题，都成为悬案。

凡科学认为成问题的问题，都应抛弃。

2. 哲学的根本取消

问题可解决的，都解决了。一时不能解决的，还得靠科学实验的帮助与证实。科学不能解决的，哲学也休想解决。即使提出解决，也不过是一个待证的假设，不足于取信现代的人。

故哲学家自然消灭，变成普通思想的一部分。在生活的各方面，自然总不免有理论家继续出来，批评已有的理论或解释已发现的事实，或指摘其长短得失，或沟通其冲突矛盾，或提出新的解释，请求专家的试验与证实。这种人都可称为思想家，或理论家。自然科学有自然科学的理论学，这种人便是将来的哲学家。

但他们都不能自外于人类的最进步的科学知识思想，而自夸不受科学制裁的哲学家。他们的根据必须是已证实的事实；自然科学的材料或社会科学的统计调查。他们的方法必须是科学实验的方法。

若不如此，但他们不是将来的思想家，只是过去的玄学鬼。

将来只有一种知识，科学知识。

将来只有一种知识思想的方法：科学证实方法。

将来只有思想家，而无哲学家：他们的思想，已证实的便成为科学的一部分，未证实的叫做待证的假设（Hypothesis）。

杜威先生与中国

杜威先生今天离开北京，起程归国了。杜威先生于民国八年五月一日——“五四”的前三天——到上海，在中国共住了两年零两月。中国的地方他到过并且讲演过的，有奉天、直隶、山西、山东、江苏、江西、湖北、湖南、浙江、福建、广东十一省。他在北京的五种长期讲演录已经过第十版了，其余各种小讲演录——如山西的，南京的，北京学术讲演会的——几乎数也数不清楚了！我们可以说，自从中国与西洋文化接触以来，没有一个外国学者在中国思想界的影响有杜威先生这样大的。

我们还可以说，在最近的将来几十年中，也未必有别个西洋学者在中国的影响可以比杜威先生还大的。这句预言初听了似乎太武断了。但是我们可以举两个理由：

第一，杜威先生最注重的是教育的革新，他在中国的讲演也要算教育的讲演为最多。当这个教育破产的时代，他的学说自然没有实行的机会。但他的种子确已散布不少了。将来各地的“试验学校”渐渐的发生，杜威的教育学说有了试验的机会，那才是杜威哲学开花结子的时候呢！现在的杜威，还只是一个盛名；十年二十年后的杜威，变成了无数杜威式的试验学校，直接或间接影响全中国的教育，那种影响不应该比现在更大千百倍吗？

第二，杜威先生不曾给我们一些关于特别问题的特别主张——如共产主义，无政府主义，自由恋爱之类——他只给了我们一个哲学方法，使我们用这个方法去解决我们自己的特别问题。他的哲学方法总名叫做“实验主义”；分开来可作两步说：

（1）历史的方法——“祖孙的方法”

他从来不把一个制度或学说看作一个孤立的东西，总把他看做一个中段：一头是他所以发生的原因，一头是他自己发生的效果；上头有他的祖父，下面有他的子孙。捉住了这两头，他再也逃不出去了！这个方法的应用，一方面是很忠厚宽恕的，因为他处处指出一个制度或学说所以发生的原因，指出他的历史的背景，故能了解他在历史上占的地位与价值，故不致有过分的苛责。一方面，这个方法又是最严厉的，最带有革命性质的，因为他处处拿一个学说或制度所发生的结果来评判他本身的价值，故最公平，又最厉害。这种方法是一切带有评判（Critical）精神的运动的一个重要武器。

（2）实验的方法

实验的方法至少注重三件事：（一）从具体的事实与境地下手；（二）一切学说理想，一切知识，都只是待证的假设，并非天经地义；（三）一切学说与理想都须用实行来试验过；实验是真理的唯一试金石。第一件——注意具体的境地——使我们免去许多无谓的假问题，省去许多无意义的争论。第二件——一切学理都看作假设——可以解放许多"古人的奴隶"。第三件——实验——可以稍稍限制那上天下地的妄想冥想。实验主义只承认那一点一滴做到的进步——步步有智慧的指导，步步有自动的实验——才是真进化。

特别主张的应用是有限的，方法的应用是无穷的。杜威先生虽去了，他的方法将来一定会得更多的信徒。国内敬爱杜威先生的人若都能注意于推行他所提倡的这两种方法，使历史的观念与实验的态度渐渐的变成思想界的风尚与习惯，那时候，这种哲学的影响之大，恐怕我们最大胆的想象力也还推测不完呢。

因为这两种理由，我敢预定：杜威先生虽去，他的影响仍旧永远存在，将来还要开更灿烂的花，结更丰盛的果。

杜威先生真爱中国，真爱中国人；他这两年之中，对我们中国人，他是我们的良师好友；对于国外，他还替我们做了两年的译人与辩护士。他在《新共和国》（*The New Republic*）和《亚细亚》（*Asia*）两个杂志上发表的几十篇文章，都是用最忠实的态度对于世界为我们作解释的。因为他的人格高尚，故世界的人对于他的评判几乎没有异议。（除了朴兰德（Bland）一流的妄人！）杜威这两年来对中国尽的这种义务，真应该受我们很诚恳的感谢。

我们对于杜威先生一家的归国，都感觉很深挚的别意。我们祝他们海上平安！

十，七，十一。

杜威哲学

第一讲

刘院长，各位先生，各位同学：

今天我到这里来讲杜威先生的哲学，我感觉到有点班门弄斧。在师范学院里当然有许多研究教育学说和教育哲学的专家，也有这些必修和选修的课程，想来诸位对于杜威先生的哲学一定研究过。

我在国外收到钱校长和刘院长的电报，他们邀我到台大和师院来作一种学术性的演讲，我以为他们还会写信来，给我一点详细的指示。后来一直没有信来；我看时候到了，就打了一个电报，提出两个题目；在师院的题目是“杜威哲学”。

杜威先生是我的老师。我们三十九年来，不但是师生的关系，而且还是很好的朋友。他在六十岁的时候在北平讲学；那个时候我在北京大学，我替他做翻译。以后他到太原、天津、济南各地去讲学，我也替他做翻译。我们又继续几十年的朋友关系。他在北京过六十岁生日的时候，我参加了；他过七十岁生日的时候，我没有参加，因为他在国外，我在国内。到了1939年，他八十岁的时候，我在美国做外交官，参加了他的生日庆祝；1949年，他九十岁的时候，我在纽约也参加了他的生日庆祝。他今年夏天刚过去，算起来活了九十二岁多。

今天我打算讲杜威先生的哲学思想；下一次讲他的哲学思想在技术方面的应用。

约翰杜威(John Dewey)生于公元1859年10月，死于今年(1952) 6月。他出生的地方是美国东北部佛蒙特州（Vermont）的柏林顿城（Burlington）。这个地方是美国最民主的一个小州，是英国宗教家最早到达的地方，也是美国保留有最早的民主风气的一个地方。我曾经到这儿参观过，看到了世界最有名的真正民主制度。这个地方的议会，不是选举的代议制，而是全体市民直接参加。每逢市（村、镇）议会开会的时候，市民不论男女老少都踊跃出席；主席把已经宣布了的本市（村、镇）的问题提出来后，人人都可以参加讨论。这是一种真正的直接民主制度，使我看了非常感动。杜威先生就是生长在这个真正民主的地方的。

杜威先生最初进本州大学。后来到巴铁摩尔市（Baltimore）的约翰霍布金斯大学（Johns Hopkins University）研究哲学。这个大学在七八十年前是第一个新式的大学。它以研究院作中心。是以前大学所没有的制度——开美国大学风气之先。杜威先生就是这个大学研究院最早的学生当中的一个。美国有名的总统威尔逊也是从这个大学出身的。

杜威先生毕生从事教育，真正做到了孔子“学而不厌，诲人不倦”的榜样。他在约翰霍布金斯大学完成了学业以后，便在密歇根大学(University of Michigan）和明尼苏达大学（University of Minnesota）任教。1894年就任芝加哥大学（University of Chicago） 哲学系主任。同时，他和他的头一个夫人合办实验学校，提倡新的教育；这是美国新教育的创始。1904 年转任哥伦比亚大学（Columbia University）哲学系主任。1919 年到日本东京帝国大学做了几次讲演后，著了《哲学的改造》一书，那一年正是中国五四运动的时候，蒋梦麟先生、陶行知先生和我，代表江苏省教育会，北京大学和北京大学的行知学会请他到中国来讲学。他本来预定在中国讲学几个月；后来因为对中国发生了很好的感情，继续住了两年，到处作了许多次的演讲。后来又到苏俄、土耳其、墨西哥等地。

1919 年——民国八年，杜威先生到中国来讲学，我们几个他的学生，在他开讲以前，举行了几次公开的讲演，把他的思想做一些通俗的介绍。我的讲演有一部分收进了《胡适文存》。像《实验主义》和《最近五十年的世界哲学》两篇文章里，都提到杜威先生的思想。

杜威先生的教育哲学、教育学说，被公认为最新的教育理论，不但影响了全美国的学校，由幼稚园、小学、中学，到大学，也影响了革命初期的俄国。苏俄那时的教育制度，便是依杜威先生的理论制定的，后来革命的倾向改变，整个教育制度也就改变了。中国教育界自 1919 年到现在，也深受他的教育思想的影响。

以上只说杜威先生在教育方面的影响。其实，他的影响并不限于教育方面。这次我所要讲的杜威先生的哲学，可分为两部分：一部分讲他的哲学思想，一部分讲他的哲学思想几方面的应用。

杜威先生的思想，一般人叫它实验主义（Pragmatism），日本翻作实际主义；我们在民国八年做通俗介绍的时候，翻作实验主义。在讲杜威先生的思想之先，不能不说几句关于实验主义的话。

实验主义到现在已经有八十年的历史，共有三位大师：第一个大师是皮尔士（C.S. Peirce 1839—1914），是美国的大科学家。他于 1877 年开始提出了实验主义这个名字；他在一个通俗的讲演里面，提出一个问题："怎样可以叫我们的意思明白？"他的答案是："科学实验室的态度"。那就是说，科学实验室的方法和配备，可以使我们的意思、思想明白，你无论同做科学实验的人讲什么，他总是说让我来实验一下，看这句话会发生什么效果。这个效果就是你所说的话的意义。如果照你说的话做一个实验，实验出来某种效果，你那句话就是有意思的，如果你的话没有法子实验，实验不出效果，那么，你的话就没有意思，就是瞎说，胡说。这就是"科学实验室的态度"。就是说拿一样东西，一个观念或者一种思想的效果的结果，来批评某种学说或思想。

做科学实验的人，无论实验物理、化学、地质、生理或心理，都要先有一个思想（假设的理论）：照这样的设备，这样的布置，做起这样的实验来，应该产生某种效果。如果实验的结果不产生某种效果，那就证明了前面的理论是错误的，就应加以修改。另外装置起来重新再做实验，看看这个修改过后的理论对不对。科学家在实验室的态度，就是实验主义。无论什么东西，都要拿这种态度来说明，来解释，来实验。

皮尔士是实验主义三位大师中的第一位大师。他所提倡的就是“科学实验室的态度”。以这种态度应用到人生上，凡是思想、理论、概念，都得用这种态度来批评它，解释它，说明它，才可以使它的意义清楚。我们看这个思想或概念，在人生行为上发生什么效果；再拿这效果来批评，来说明这个思想或概念：这等于在实验室里面用某种器具，某种设备做实验而产生的效果，再拿效果来批评理论一样。简单的说，一切有意义的思想或概念，都会在人生行为上发生实验的效果。如果要决定这个思想或概念是不是有意义，只要看承认它时有什么效果发生，或者不承认它时又有什么效果发生。如果承认它或者不承认它时都不会发生什么效果，那么，这个思想或概念就毫无意义了。科学实验室的态度就是用来解释，说明一切思想、观念、概念，使得思想、观念、概念的意思清楚的。

实验主义的第二位大师詹姆士（William James 1842—1910），和皮尔士是同一个时候，同一个地区的人，也是同一个学校（哈佛大学）的朋友。他本来是学医的；后来转到心理学，在心理学上开了一条大路。他的著作有《大心理学》和《小心理学》。他的《大心理学》在世界心理学史上，占了一个很重要的地位。

詹姆士把皮尔士的基本观念应用到各方面，拿来做科学和哲学的方法论、真理论、宇宙论。（各位若要知道详细，请参阅《胡适文存》第一、二集。）

詹姆士虽然是科学家，但是他出身于宗教家庭，富有宗教情感。他的实验主义的发生，是为求怎样使得意思、概念明白清楚。他把皮尔士的方法推广到各方面去。他以为讨论某种事体，某种概念或信念，某种宗教信仰或某种人生信仰，都可以用这个标准来批评，看它在人生行为上发生什么效果。如果发生了某种效果，就拿这个效果来决定是真的还是假的，是有价值的还是没有价值的。因为他把这个方法应用到宗教方面，他相信某种宗教的信仰能得到某种安慰和某种人格的行为上的改造，便有人批评他应用的范围太广，不免有一点危险。举例来说：二十年前左右，美国一位有名的传教士艾培先生到北京来找我。他说："胡先生，听说你是一个实验主义者。我要同你谈谈实验主义。"我说："好吧！"他举起左手说："这边一种信仰，认为人生等于一只狗一只猫，没有希望，没有前途，没有天堂地狱，没有将来的生命：这是悲观主义的信仰。"又举起右手说："这边的一种信仰，有天堂，有上帝，有将来，有死后的生命：这种信仰叫人乐观，叫人往前进，用实验主义的批判，一定放弃那边的悲观信仰，而接受这边的乐观信仰。"我说："我这里有一块洋钱，另外有一张百万美金的支票。艾培先生，你知道我胡适决没有一百万美金，支票是空头的。以一百万美金和一块洋钱相比，支票可以说是代表乐观的。你是接受一块洋钱，还是接受一百万美金的支票呢？"他说："我当然接受一块洋钱。"

由这个例证看来，严格的实验主义，总是用科学实验室的方法，先归纳观念的意思，把观念的真假确定之后，再来考虑那偶然发生的某种希望是真的还是假的。如果滥用实验方法，便是放弃真实的洋钱，而取空头的支票了。詹姆士因为富于宗教情感，偶然不谨严一点，因此引起人家的批评。（对于詹姆士，我说得太简单了，似乎有一点不公道。不过很短的讲演里，难免有过度简单化的毛病。这要向各位先生道歉的。）

第三位大师就是杜威先生。他是实验主义运动中第三个领袖，年纪比前两位轻一点，寿命又特别长，活到九十多岁，所以他的影响最大。他运用方法也比较谨严，所以他的影响也比较健全。要讲杜威先生的思想，应该先讲一点他的思想的背景。这是很重要的。

第一，就是方才所讲的，他生长的区域是一个真正民主的社会：没有阶级，绝对自由，不是间接的代理民主，而是直接实行民权的真正民主社会。所以他从小就有民主的习惯。最能代表他思想的著述，有《学校与社会》和《民主与教育》二书。后一本书在中国有译本。

第二，两三百年来的科学方法——皮尔士大师所提倡的科学方法，就是应用到自然科学方面的，如物理学、化学、生物学、地质学等这一类实验科学的方法。

第三，十九世纪后半叶产生“生物演化论”，也就是所谓“生物进化论”，中国严复先生译为《天演论》。在杜威先生出生的那一年（1859年），就是达尔文名著《物种由来》出版的那一年。这本书出版后轰动全世界的生物学界。当时就引起了宗教家和哲学家的反对。后来（1871）达尔文又出版了一本《人类的由来》。这本书里面就不客气的继续“物种由来”而说人类是由下等动物，经过几十万年的进化演变，由和猴子相似的动物变成人猿，由人猿再演进成为人的。达尔文花了三十年的苦工，才敢提出这个研究的结果。所有物类的演变，开始都是很微细的，而后逐渐变异。在某种环境之下，旧的生物感觉到不适于这一个环境，或者过热，或者过冷，或者过于潮湿，或者过于干燥，而其中有一部分偶然起了小小的变化，并且这种变化比较更能适合于环境一点，这一部分就继续生存下来。其余没有变化的慢慢就淘汰了，灭亡了。于是这一部分的微细变化，就更加的向适于生存在某种环境中的那种特性格外发展。因为坏的已经死光了，结果，存在的慢慢就成了新的物类。所以《物种由来》的根本说法，就是说物类都是由于很微的变异因为适于生存而不被淘汰而来的。这就是所谓“自然选择”或“物竞天择”。所谓进步，所谓演化，并不是整个笼统忽然而来的；

是由一点、一滴、一尺、一寸、一分的很微细的变迁来的。并不是猴子一类的动物一跳就变成人猿；人猿再一跳便变成了人的。例如人的两手，由于我们的老祖宗偶然用后面两条腿站起来，久而久之的结果，成了习惯慢慢的前面两条腿变成手了。在比较解剖上可看出：人类的手，鸟类的翅膀与许多动物的前肢，都是由于这种变异而来。但是这种变异都是经过了几十万年的过程，由一点一滴的聚积而成的。

达尔文的进化论，不同于马克思的辩证法。马克思的辩证法是根据黑格尔的辩证法；这种辩证法与天然演进的科学方法是不符合的。

总之，杜威先生的哲学思想，就是由这三个背景产生出来的，而最要紧的是他注重科学方法，也就是继承皮尔士、詹姆士实验主义的传统，以科学实验室的方法做基础来讲真理问题，哲学问题、知识问题、道德问题以及教育问题。所以第二个背景是很重要的。他不满意詹姆士的那种广泛的引用实验主义的方法，所以他不大喜欢这个名词，把实验主义改名“试验主义”（Experimentalism）。因为实验主义未免太注重效果；像方才我讲的那个传教士的说法，拿宗教的效果来标榜或滥用。所以与其叫实验主义，不如叫试验主义。后来他又说：一切的思想、知识、经验，都是生活的工具，生活的基础。每一个人所有过去的经验，和现在的经验，都是为帮助将来生活的工具。天地间一切真理、一切学术、一切教育，以及什么圣人贤人的话，天经地义的金科玉律，都不过是工具。这都是帮助我们解决问题的，帮助我们提一个暗示、一个假设的工具，所以便有人说杜威是工具主义（Instrumentalism）的一派。

方才我说，两三百年来，物理学家、化学家、生物学家、地质学家们给我们建立了一个可用的科学方法。杜威先生这样想：我们为什么不拿这个方法来普遍的应用，而只限制在物理、化学、生物、地质方面？为什么不应用到改善精神方面？杜威先生以为这一种科学方法，在实验室内应用了二三百年，并没有流弊，的确是一种可以建立起的最好的方法。这个方法就是自己本身批评自己与纠正自己错误的作用。在试验以前，一切先要有假定。比如假定有甲、乙、丙三个条件，在这三个条件具备的时候，就产生丁、戊、己的结果；那么，我们就把甲、乙、丙三个条件设备起来，看是不是产生丁、戊、己。如果产生，就是对了；如果不产生，就是错了。这个方法是：自己批评自己，自己纠正自己的错误；随时修正，随时发明。所以科学方法根本的观念，不单是求知识，还可以处处发明和发现错误。发现错误与发明正确是同样重要的，是同样可以增加知识。求知与发明，和发现错误联合一贯，再看效果，就是实验的方法——科学的方法。这一种方法为什么二三百年来，不应用到所有精神的领域，所有道德、教育、政治、社会方面去呢？最重要的尤其是宗教、道德方面，为什么不应用呢？

要说明这个历史，就要回到方才所说的三个思想背景。杜威先生说：现在的民主社会，是没有阶级；而古代的社会是分阶级的。所以古代有劳心者，有劳力者；有统治者，有被统治者；有君子与小人的区别。古代社会分有阶层：因职业上、生活上的各种关系而分了阶层。因此，在新的科学出来以后，许多人都认为这是危险的；认为如果这种思想推行广了，就要影响并且动摇社会的基本思想了；认为古久传下来的宗教、伦理、道德的思想都要动摇了；所以由于社会有阶层的关系，就使思想也分了区域。新的科学是没有方法驳倒的；新的化学、物理等知识一天天的加多，就得想出一个调和的办法，才可以使科学方法不影响到宗教、道德方面。这个就是分区而治。这是杜威从历史上看出来的。你们的新思想只能限于某一区域，不要到精神的领域来；不然，就要受统治者的制裁。结果大家为了避免统治者的干涉或宗教的审判，怕在火上被烧死，于是就愿意，只要你们让我们研究物理、化学，我就不来麻烦道德和宗教。道德、宗教方面也就表示只要你们不来麻烦道德、宗教，我们也就允许你们研究自然科学。你们研究的是物，我们研究的是心；我们分区而治，各不侵犯。所以在这个社会有阶层的情形下，思想在不知不觉中就分成了唯心和唯物两派。我们是物质的，你们是精神的；你们是形而上的，我们是形而下的；大家分区而治。

可是现在我们不同了。杜威先生说：现在到了民治时代；民主制度下是没有阶级的，没有阶层的。我们应该打破从前反映社会阶层的分区而治和各不侵犯的观念。要进到“下学而上达”的地步，要打破精神与物质的区画，打破心与物的分别。所以杜威根本的哲学，就是要反映无阶级的民主思想，没有心与物的区分，没有形而上与形而下的区分，方法只是一个；没有界限没有阶层。

三十多年前，杜威在日本讲学时，讲“哲学的改造”，说改造那是客气；实际上他要革命，要推翻二三百年来唯心唯物的划分。他说：古代思想的最大错误，就是没有懂得所谓“经验”（Experience）。从前的学者，把经验分成主观的和客观的。但真正讲起来，什么叫做经验呢？杜威先生曾经说：“经验就是生活。”生活是什么呢？“生活就是应付环境”。人生在这个物质的客观环境里面，就要对付这一个环境。对付它，就是我对物、物对我。这种对付环境的生活，就是经验。应付环境，不是敷衍，而是要天天接触环境来得到新的知识。应付环境就是时时刻刻，在增加新知识和新经验，新技能和新思想。人在这环境之中，时时刻刻免不了有困难发生。因为要解决这种困难，就引起了思想的捉摸与觉悟。因为思想的作用，就逼得你不仅是无意识的应付环境，而且应付环境的方法，其内容更加强更丰富了。新的知识与新的经验加上思考力的结果，应付环境觉得更满意了，格外成功了。所以经验是时时刻刻在增加应付将来新环境的力量。这就是与方才所说生物的进化一样，也是由一点一滴而来的。我们在那一点钟一分钟之中，今天这一部分人，应付这一个环境，需要某种的应付方法，还要有怎样的改善方法：这决不是笼统一下子可以得到的。人的知识、经验和生活，与生物的进化一样，是从一点一滴的解决问题，解决环境的困难而成的。我们看小姐们颈项上挂的珍珠是怎样来的呢？海里的老蚌，在张开蚌壳的时候，有沙粒跑了进去；因为它没有手，不能把沙粒拿掉，又感觉到剧痛，于是它就本能的应付环境，从自己身上分泌出一种汁液来包围，这粒沙慢慢的裹大了，久而久之，就成为一粒珍珠。这是老蚌本能的应付环境：没有知识，没有思想，很老实的不断的在应付环境，逐渐的分泌汁液，将沙粒包围，结果就成为珍珠。人类是所谓“万物之灵”，当然与蚌不同。在他遭遇到困难的时候，能够用思想，能够用过去的经验；祖宗积下来的，和学校、社会以及书本中得到的经验、知识、学问，都可以活用，都可以拿来应付环境。所以杜威先生说：“教育是要人用知识、用思想的方法；用最好最稳当的方法来思想，来帮助经验，来控制和改善经验，使将来的经验比现在的经验更满意、更能够应付环境。”比起老蚌糊涂无知的、本能的应付环境，解决困难，我们人类是好得多了。因为我们有前人留下来的知识经验，学校给我们的知识经验，和三百多年来的科学家们给我们方法，帮助我们实验应付环境。我们所得到的结果，虽然没有像珍珠那样漂亮好看，但是照杜威先生的意思，这结果却是真的知识，却是活的经验，一点一滴都是珍珠。人的整个经验，一点一滴都是真理，都是宝贝。那宝贝是看不见的；但是在脑子里，在心灵里，一天一天的积累，就愈来愈灵活了。这个经验，就是教育。这种教育哲学，就是杜威先生的基本思想。

第二讲

上次我讲演的时候，讲了一点杜威先生的根本哲学。他写的书很多，有好几十种，重要的也在十种以上，所以不容易一下子抓住一个扼要的地方。但是我上次曾经提出了他的三点背景。大家研究他的思想，就要从这三个假定的背景着手。第一，他是生长在美国北部福蒙特州的柏林顿城。那个地方是一个没有阶级，真正民主的社会，所以他的一切著作，差不多是很自然充满着民主的气息的；第二，三百年来的科学方法，尤其是科学实验室的方法，也是他当然的背景；第三，十九世纪中叶以后，生物演化的思想，注重在一点一滴的演变，一点一滴的进步；而生物之所以演变，是由于应付环境；因为随着环境的需要，不能不改变。改变不是一下子天翻地覆的改变；往往起于很细小的改变，而后一点一滴的聚集多了，就有了适应环境的能力。能够适应环境的就能生存；不能适应环境的就毁灭了、淘汰了。这个观念在杜威先生思想里面也是很重要的。

看这三种背景，我们作他的学生的和研究他的学术的，觉得他的基本观念，可说是他的经验论。

在十多年前，有一次我去看他。那时他的一部新书叫做《经验与自然》的刚出版没多久。他很高兴地对我说："现在有许多人说它新；三十年后就成了老东西了。因为大家都接受了这理论，就不觉得新奇了。"当时他对于自己的新书也不免得意。他那个"在现在是新的，三十年后大家就不觉得新奇了"的意思，至少我们作过他的学生的人觉得是很对的。

这几十年来，他所谓"经验"，就是我在上次讲演的后半段所讲的"经验论"，在他的方法论上和应用在教育上，确实是很基本的。综合起来说，经验就是生活。生活就是应付四周围的环境。对付环境，适应环境，控制环境，改造环境；这就是生活，这就是经验。这并不是十八世纪到十九世纪一些哲学家所谈的经验主义。从英国开始的所谓经验主义的哲学家，在那时也是受了二百年来自然科学的影响，所以他们反抗旧的哲学，提出一种经验论（Empiricism）。经验主义的说法，就是说一切人的知识都起于经验。而经验是什么呢？英国一派的经验论哲学家说，经验就是感觉，就是一个一个零碎的感觉。感觉影响直接的经验。这种说法太琐碎了。大陆上理性主义派（Rationalism）的哲学家，可以德国的来勃尼慈（Leibniz）为代表。他说：前一句话"一切知识起于经验”是对的；但是我要加半句话，“除了理智本身”。我承认一切知识起于经验。这句话怎样讲呢？就是零碎的经验感觉，还需要一个超经验的理智来统制它，来归纳它，使这些零碎感觉成为一个系统，起综合的作用。大陆上理性主义者要和经验主义对抗，在零碎的感觉之外，还得有一个理性或者理智。发扬这一派的就是德国的康德哲学。他承认经验，但是还要一个理性，纯粹理性作用的范畴。理性里面有很多范畴；某种时间是个范畴，某种空间又是一个范畴。让这种理性范畴整理它，归纳它，管理它。这许多范畴就像桌子的许多抽屉一样：这样东西放到这个抽屉，那样东西放到那个抽屉，然后才可以真正了解它。这种心与物的观念，照杜威先生的看法，都是因为时代的关系。杜威先生说：新的科学不是一天起来的，是在过去三百年中一步一步起来的：第一步是十七世纪，是新的天文学，新的数学；第二步是十八世纪，是物理学化学的时代；到了第三个一百年——十九世纪，才兴起来了生物的科学，包括地质学。杜威先生说，前一个时期的思想，把心和物分开，把琐碎的感觉和综合的理智分开了，都是由于各个时代的科学的关系。十八世纪时期也还没有到十九世纪后期生物学的时代；到了十九世纪实验科学时代，可以说使我们对于经验很了解，对于一切生物活动的状态也了解了，因此我们可以得到一个新的经验看法：就是生物的经验，尤其是高等动物的人类的经验，是不分阶级的，只是程度稍有不同。达尔文的书叫做《物种由来》，就是说并不是上帝忽然在一天的工夫把各种生物都造好了。各种生物都是有来源的。怎么来的呢？是一步一步演变来的。这个观念是新的。我们现在经过了三百年的实验科学，尤其是经过百多年的生物科学，我们应该了解当前我们人的大问题，是怎样对付外面环境的变迁，才可以使这些变迁朝着对于我们将来的活动有益的方向去。一切生物动物，都是这样的，都是要适应环境。但是人要不同一点。人类的活动，全靠我们有知识、有思想；能够用知识和思想来管理环境，控制环境，改变环境，改造环境。什么叫“改造”？改造就是要使有害的势力，变成无害的势力；使无害的势力变成有利的势力。这种不断的生活就是经验。从物类到人类都是一样。不过人的思想智慧高，改造环境、应付环境的能力也就大些。这种观念，我们认为是杜威先生哲学的基本观念。他根据科学的实验方法，尤其根据百多年的生物学的进步：由生物学进到生理学，由生理学进到心理学，从实验的心理学到儿童心理学、动物心理学、变态心理学（这些学科，当然难有一个严格的次序的）：这都是使我们了解人类生活是怎样的。我们无论从那一方面看，都可看出经验就是生活，生活就是适应环境。到了人类在这种适应环境的生活里面，人类的知识思想，都是很重要的，都变成很重要的工具。所以人同物类不同。人类能够充分的用这种自觉的思想作用，来指挥生活；能够运用人的这种能力，运用一切过去的经验，过去所得到的知识，来利用环境——征服它，统制它，支配它：使生活的内容格外丰富，使生活的境界格外壮大，使生活的能力格外自由发展，使生活的意味格外提高。这种思想经验作用，到了为人类运用时，杜威先生叫作“创造的智慧”。这种智慧，只有人才会有。而生活经验并不是琐碎的感觉，并不是感觉之外另有一个理智（或者叫作智力）来指挥的。主宰的乃是人的脑筋——人的身体的一部分，人本来有的官能，就是我们的神经系统，神经中枢，也就是脑子。这个神经中枢指挥的神经的作用，能够因为应付环境，而不断的努力，不断的改造，不断的进步，使创造的智慧加多。到了那个时候，就能够随时随地改造环境，应付环境。这时候，人的脑袋就够得上叫做“创造的智慧”。

杜威先生的基本观念，具体地说，是把经验用于哲学的各方面。他有很多著作。最重要而销路最广的，是《我们怎样思想》。在美国学校里，无论是中等学校或是大学，都拿这本书作教科书。在教育方法上、论理学和知识论上最有影响的，就是这本书。杜威先生说，“经验就是生活”。人的经验，就是充分运用思想的能力来应付环境，改造环境，使将来应付环境更好，更容易，更适当，更满意。所以杜威先生把基本观念用在思想上。当然，思想有简单的思想，复杂的思想，胡思乱想的思想，没有条理的思想，有条有理的思想。杜威先生以为有条理的思想的发生，大概可以分为五个步骤。这是他的一个很大的贡献；我现在简单的叙述一下。

第一步：思想的来源，或者说，思想的起点。思想不是悬空的。胡思乱想，不算思想。凡是真正有条理的思想，一定是有来源，有背景，有一个起点的。这个起点是什么呢？思想都起源于困难的问题。人生的动作碰了壁，碰了钉子，碰到一个困难的环境，行动发生了障碍，要想打破这个困难，因而才有思想。譬如呼吸：大家都要呼吸的，差不多是一个自动的动作，用不着思想的作用。但是有许多动作是没有那么自然自动，没有像呼吸、睡觉那么容易。真正的思想，是动作碰了壁才发生。比方我要找我的朋友张先生，我一个人走到三岔路口，不知是去第一条路、还是第二条路或者第三条路。这时候才想起：我是来过的么？找找看有什么记号使我可以找到路；或者路旁有一家戏园子，有一块广告牌，是绿色的或者是红色的：这时候才用思考。如果一直走去，就用不着思考了。杜威先生说：“凡是一个思想都起于一个三岔路口的境界；凡是一个思想都起于一个大的疑问号。”从前讲逻辑和知识论的，都比较容易错误，就是因为没有想到很简单的“一个思想起于三岔路口”这一句话。

第二步：认清困难障碍在那一点；把困难加以分析，知道困难究竟在那一点。我平常的活动为什么发生障碍？吃饭忽然吃不下，睡觉睡不着，或者头痛发烧：究竟困难在那一点？障碍是什么性质？有时候事情很简单：第一步和第二步就连在一块。不过复杂的问题，就要分为两步，如果第二步弄不清楚，下面的方法步骤就错了。普通问题要在三岔路口去找一条路走比较简单；但是有许多科学问题，如医学、物理学、化学的问题，都很复杂。在这些问题里，我们要小心的做这个第二步工作。

第三步叫作提示，或者称为暗示。凡遇到了三岔路口的问题，有大困难的时候，第三步就不是自动而是被动。你过去的知识、学问、经验，到今天都发生作用了！你的脑子里这边一个假设，那边一个假设。这些提示的东西那里来的呢？都是不自觉的涌上来的。所以第三步往往是不自觉的。假如你没有学问知识和好的活的经验，看到三岔路口的问题，就手足无措，不知道怎样下手；没有主意，没有法子。如果你的知识是死的，学问是从书本上得来的，经验是贫乏的，那你还是没有主意，没有法子，看不出道理来。所以第三步是很重要的。不过，有时候有些人经验太多了，知识太丰富了，往往东一个意见，西一个意见，前一个意见，后一个意见：就要发生第四步。

第四步就是批评、评判；判断这许多提示，暗示当中，那一个意见比较最能解决所碰到的困难问题。记得在我父亲的诗集子里面有一首诗，讲他在东三省吉林的时候，奉命办一件公事，连人带马都在大森林里迷失了路，三天三夜都没有方法走出来。这个问题就是思想，因为当前的行动发生了障碍。我父亲在诗里面就说他怎样想法子找路出去：有人爬到树上去看，只见四周茫茫无边的树木；在地上也找不出路来；也找不出牛马的蹄痕。这两个办法都不行。这时候，我父亲想到古书上讲过：在山林中迷了路时可以找水；跟着水去找，必定可以出山的。大家就四下去听；听到有水流的声音，果然找到了一条水；跟着水走，居然出险。他诗里面有一句“水必出山无可疑”，就是指的这回事。爬上树看，找牛马蹄痕，想了许多办法都走不出来。那时候知识中有一个知识“找水”。这是在许多提示中决定的一个解决困难的办法。所以这第四步工作，就是要判断许多提示当中，那个最适于解决当前的困难。在许多主意中怎样批评判断那个主意适用或不适用呢？这又得回到第一步去：感觉到需要思想，就是因为有困难问题。再认清楚了困难问题；看困难究竟在什么地方。再从推出来的许多暗示、意见当中，看看那一条可以找出结果来。水是可以向山下流的；朝着他走可以得到一条出路：这个结论是不是可以解决当前的困难。拿这个困难作一个标准，作一个尺度，来量这些提出来的暗示，挑一个作假定的姑且的解决方案：这是第四步。不过这还是一个假设，还没有证实。

第五步是思想的最后一点，思想的终点，就是证实。要问提出来的这个假定的解决方案是不是可以解决困难问题？是不是满意？是不是最满意？要证实它！我刚才讲我父亲在吉林的这个“找水”的经验，就是证实。假如复杂的科学问题，有时候就需要假定应该有某种结果，我们要选择许多假定，使用人造的器械，人造的条件来试验它。所谓科学的实验，就是证实某种条件完备的时候，可以发生某种结果的假定。如某种条件完备而不发生某种结果，这个假定或理论就错了；要再来第二个，第三个……的假定，一直到最后可以得到证实为止。到了最后证实，这个思想才算解决了问题。结果是假设变成了真理，悬想变成满意适用的工具。这是思想的最后终点。

杜威先生的这种思想观念，对他的许多学生，无论在教育上，哲学上，都有了很大的影响。他的哲学特别注重在活的思想，创造的智慧；特别注重拿知识思想来解决问题。因为只有这样才可以应付环境，改造环境。这种思想应用到各方面去，都可以发生很重要的效果。比方在逻辑（Logic）方面：杜威先生在八十岁的时候，出版了一本大著作《逻辑学》，它的副题目叫做“研求真理的理论”（*A Theory of Inquiry*）；他以为逻辑不过是研求真理的方法的一种的理论。所以他的逻辑并不像从前的逻辑。从前的逻辑讲演绎法、归纳法、大前提、小前提、求同、求异、求互同互异：所谓形式的逻辑。这种逻辑完全是用在论证(proof)方面，变成一种论证的形式，所以杜威先生叫做“论理学”。这是形式的、论理的。比方说：凡人都会死；胡适之是一个人；

胡适之当然是会死的。这只不过是一个形式的论证，不能引导出真理。从十九世纪以后，哲学家注意到逻辑归纳法。杜威先生说：这也不行；思想的方法，不是形式的方法；人生要时时刻刻应付真的困难，活的问题，不能拘于刻板的形式。

思想的五个步骤，其实包括了归纳法和演绎法。比如我刚才讲的第一步和第二步就是归纳的方法：注重事实，从事实中找出困难，发现问题。第三个步骤是很多暗示涌上来，就好像许多大前提。照这个前提作会产生什么结果？从具体的事实得到一个结论。所以从第三步到第五步都是演绎法：凡是这样作的，必发生什么结果。试验的时候，有了 A 的现状，当然产生 B 的结果：凡是 A 都会产生 B，看看 A 是不是会产生 B！试验就是演绎。第四步就来批评思想提出来的假设；第五步就来证实它。在生活的活动上，证实或是实验室的证实方法都是演绎法。比方我父亲的诗"水必出山无可疑"：现在找到水看看是不是可以出山。这就是演绎法。所以人的思想是活的。在解决困难的时候，随时演绎，随时归纳；归纳之后有演绎，演绎之后有归纳。

杜威先生的逻辑，注重在思想的起点。思想必须以困难为起点；时时刻刻，思想都不能离开困难。这样思想才有效果。英国穆勒（J.S. Mill）的逻辑学注重归纳。其实讲到真正的科学思想在作用活动的时候，并不是那种形式的归纳法所能应付。所有的归纳、演绎、三段论法，求同求异的方法，都不过是要证明某种思想是否错误，错误的时候可以用某种方法来矫正。所以杜威先生的逻辑也可以叫作实验的逻辑，工具的逻辑，历史的逻辑。"历史的逻辑"这个名词太不好解释；我也叫它作祖孙的逻辑。这种逻辑先注重来源；有来源，有出路，有归宿；根据人生，应付环境，改造环境，创造智慧。这种思想的方法，也可以说是一切科学的实验。真正科学实验室的方法，不完全是归纳，也不完全是演绎，而是时时刻刻有归纳、时时刻刻有演绎的。把形式去掉来解决问题；拿发生困难作来源，拿解决问题作归宿：这是新的逻辑。

最后，我感觉到胆怯，把杜威先生的哲学应用到知识论和教育学上。今天在座的有好几位都是教育专家；我实在不敢班门弄斧。所以只好简单的讲讲。他这种思想应用在知识论和教育学上，起了很重要的作用。从前的知识论者，往往分作内面的心和外面的物。所谓感觉和综合的理智，这是知识论里面很重要的部门。当时社会上分阶级：有劳心，有劳力；有君子，有小人；有资产阶级，有无产阶级；有统治者，有被统治者；有一种人看到没有法子参加许多社会的事，许多事都不在他们手里，就取悲观、旁观或乐天的态度。从前社会上这种分阶层的情形，就影响到哲学思想上。杜威先生以为，这都是历史的关系。因为那时科学发达还没有影响到整个哲学，哲学家还不能接受实验室的方法来改造他们的思想。杜威先生这一派，则整个接受三百年来的科学方法，尤其是近百年来生物科学的方法。所以他们的知识论是说：生物学和新的心理学，儿童心理学、变态心理学、实验心理学都指示我们，思想并不是有一个叫做理智（或者是心）的特殊官能；一切心理的作用，都是脑子。脑子就是如吴稚晖先生所说的"十万八千根神经"的中心。（我们当然不能把这当作一个准确的数目字！）神经系统使我们的心和身通力合作。这是新的心理学的贡献。外来的刺激，都是受神经系统的支配统制。外面碰到刺激的时候，它立刻发生反应发布命令来应付。这不但高等的动物这样，连最下等的动物也是这样。神经系统不但是主持应付环境的作用，还能够使前一次的经验在后一次的适应环境上发生重要的影响。前面成功了，后面的格外成功，格外满意。前一次的经验，影响后一次的活动；时时刻刻是新的。心就是身体里面的神经中枢。每次的生活经验能够把旧的经验改组一遍，作为后来活动的准备，使后来的活动比前次更满意。比如雕刻家每一刀下去都是活动；如果能够用心的话，后一刀自然比前一刀的雕刻要见进步。写字、绘画、做工，无论什么事，可以说都是这样。一笔有一笔的进步，一分有一分的进步，一寸有一寸的进步。有思想的生活，都是改善环境，改善我们自己作为后来更满意应付环境的准备。这就是步步思想，步步是知，步步是行。知是从行里得来，知就在行的里面；行也是从知里得来，行就是知的本身。知分不开行，行也分不开知。

这就是"知行合一"。生物学告诉我们，就是低等动物也有这种本能。拿老鼠来说罢：无论怎么难找的门，第一次找不到的时候，第二次再找；不断的试验，经验就可以叫它找到门。老鼠如此，狗和猫也如此。概括的说，下等的动物和人，对于应付环境的作用是一样的，目标是一致的，其中只有程度的高低。

从前的人说知识是超于经验在经验之外的，是一个"超然物外"的旁观者。杜威先生说：知识是智力，智力是一种参加战斗的工具，是一种作战的活动，不是一个超然物外的旁观者。从前讲知识论的人，往往离开了科学实验室，所以没有结果。如果他们用新的科学方法，就知道所谓知识论必须具有两个条件：

第一，教人怎样求得知识，教人怎样得到知识。我们知道，要求得真正知识，只有科学实验室的方法才有效果。这是第一点；还不够，还有第二点。

第二，教人如何证实所得的知识是否真知识。凡是真正的知识论，必须要教人家怎样证实那种知识是真的，那种知识是假的。如果单教人求知识，而不教人家证实真假，那是不够的。

所以真正的知识论，必须根据新的科学方法，教人求知识，并证实知识的真假及其价值。

把知识论应用到教育上，就是杜威先生的教育学说。讲到教育学，我完全是外行。真正讲起来，我没有学过教育学。哥伦比亚大学的研究院和哥伦比亚大学的教育学院，当中只隔了一条一百二十号街。我们在研究院中的学生常彼此笑谈说：“他们在那边，我们在这边！”我差不多没有过过这条一百二十号街；所以对于教育学我完全是外行。不过现在并不是谈我的学问，而是替我的老师讲话。说错的地方，请各专家指教。

杜威先生的知识论用于教育哲学上，有所谓“教育就是生活，并不是生活的预备”“教育是人生的经验的继续改造”。刚才我讲到知识论时，说人与物一样，他的应付环境就是生活；随时应付环境，改造环境，一点一滴继续不断的改造；经验本身也改造。这就是说，教育不是将来生活的预备；当前的生活就是学校，就是教材。所以教育的目的和教育的历程是一件事，不是两件事。人的生活是经验，是继续不断的重新组织经验。刚才我讲的，写字时后一笔就是改善前一笔；雕刻时也是后一刀改善前一刀：这就是教育。所以生活是不断的，教育也是不断的。每种继续不断的经验，都是教育的功用。民主国家（杜威先生最相信民主主义）的教育，最低限度必须要做到两件事：

第一，用活的生活经验作教材，养成一个创造的智慧，以应付困难，解决困难，满意的解决困难，更满意的解决困难。教育应该使每个人都有一点创造的智慧。《西游记》中的孙悟空，曾有了观音菩萨给他的三根救命的毫毛。创造的智慧，就是要每个人都有这三根救命的毫毛。

第二，就是要养成共同生活的合作习惯（Cooperation in activity）。杜威先生以为要做到这点，书本上的文字教育，记诵，教条，是不够的；只有把“生活就是教育，生活就是经验”这个原则拿到学校里去，才可以做得到。即使不能完全做到，至少也可以朝这个方向走。

关于教育方面，在师范学院里我不敢多讲。总括起来说，我用的名词好像很新，其实在六十多年前，詹姆士就说过，“实验主义不过是几种老法子的一个新名字”。这种思想所以能够站得住，能够觉得有根据，就是因为他并不完全是新的，还是根据人生的经验，合乎人生的经验。皮尔士、詹姆士和杜威先生的许多思想，并不完全是新的；他们有许多思想古代哲人也曾有过。

杜威的思想可以帮助我们明了中国过去的一些思想，譬如教育方面：朱子的教育方法也有一部分是讲实验主义的。三百年前，中国北方起了一个“颜李学派”（颜元和他的学生李塨）。颜元的思想注重在动——行动、活动。他的斋名叫“习斋”，就是所谓“学而时习之”的意思。他说：学弹琴的，不是拿书本子学的，要天天弹，越弹才越有进步。这和我刚才所讲的“时时刻刻改善你的经验”意义很相近。我国古时关于教育的学说，像这种例子的很多。

最后我要讲两个故事。在北宋时，有一个禅宗和尚，名叫法演；他是与王安石、苏东坡同时代的人物，死于1104年。他讲禅理非常怪；第一个原则就是“不说破”，要你自己去找答案。弟子们若有人对他有质疑的，他不但不答复，还要打你一个嘴巴；假使再要问他，就把你赶出庙去。就好像说你在台湾师范学院不行了，要到广州师范学院、福州师范学院、江西师范学院一个一个的去跑。要你到每座名山自己去寻访，去募化。当时和尚出门不像我们现在可以坐飞机、乘轮船；既不能住旅馆，又不许住在人家家里；只有一根打狗的棍子，一个讨饭的碗和一双要换的草鞋。冬天受冷，夏天受热，受尽了风霜雨露；经历苦痛，增加经验。也许到了三年、五年、十年、十五年，甚至二十年。在这个时间中，他或许偶然闻到了什么花香，听到了一声鸟鸣，或者村里人唱的小曲，豁然通了，悟了道。于是他朝老师那个方向叩头，感谢当年不说破的恩；他现在终于找到了。如果师傅那时候还在人世，他就一步一步的赶回去，眼里含着眼泪给师傅叩头谢恩。自己去找；自己经验丰富的时候，才得到一种觉悟。这种方法也可以说是实验主义。

有一天，这个法演和尚忽然问他的学生们说：“你们来学禅；我这里的禅像什么东西呢？我要讲一个故事来解释。”现在就借他讲的这个故事作为我两次讲演的结论。

有一个做贼的人，他是专门靠偷东西混饭吃的。有一天，他的小儿子对他说：“爸爸，你年纪大了，你不能去‘做工’了。我得养活你。现在请你教我一门行业，教我一种本事。”他爸爸说：“好！今天晚上跟我走！”到了晚上，老贼牵着小贼走到一个很高大的房子前，在墙上挖了一个大洞，两个人先后钻进去。等到两个人都到了屋子里，一看，见有一个大柜；老贼就用百宝钥匙把柜子打开了，要他的儿子爬进去。等他儿子进去以后，这个老贼就把柜子锁了，向外走去，口里一面喊：“捉贼呀！你们家里有贼啊！”他自己就跑回家去了。这一家人被他叫醒，起来一看，东西都没有丢，就是墙上有一个洞，正在感觉到怀疑的时候，柜子里的小贼还在低声说：“爸爸，怎么把我锁在柜子里呢？”后来他一想这不是问题；现在的问题是“怎样出去？”同时，他听到前面有人说话，他就学老鼠咬衣服的声音。于是前面太太听见了，就喊丫头赶快拿灯来看看柜子里的东西别被老鼠咬坏了。柜子的门刚一打开，小贼就冲出来，把丫头和蜡烛都推倒了，从墙洞里逃了出去。这家的人就跟在后面追。这个小贼一跑跑到了水池旁边，连忙拾一块大石头丢进水里去；追的人听到扑通一声，以为他跳水了。而他却另外换了一条小路跑回家去。这时候，老贼正在家里一边喝酒，一边等他的儿子。这个小贼就问他的爸爸说：“你怎么把我锁在柜子里呢？”老贼说：“你别说这些蠢话——你告诉我怎样出来的。”他的儿子就告诉他怎样学老鼠咬衣服，怎样丢石头。老贼听了以后。就对他的儿子说：“你已经学到行业了！”

思想的方法

一个人的思想，差不多是防身的武器，可以批评什么主义，可以避免一切纷扰。我们人总以为思想只有智识阶级才有，可是这是不尽然的；有的时候，思想不但普通人没有，就是学者也没有。普通人每天做事，吃饭，洗脸，漱口……都是照着习惯做去，没有思想的必要，所以不能称为有思想；就是关着窗子，闭着门户，一阵子的胡思乱想，也绝对不是思想的本义。原来思想是有条理，有系统，有方法的。

我们遇着日常习惯的事，总是马马虎虎的过去；及至有一个异乎平常的困难发生，才用思想去考虑和解决。譬如学生每天从宿舍到课堂，必须经过三岔路和电车站，再走过二行绿荫荫的柳树，和四层楼的红房子，然后才至课堂。这在每天来往的学生，是极平常而不注意的事；但要是一个新考进来的学生，当他到了三岔路口的辰光，一定有一个问题发生：就是在这三条路中，究竟打那一条路走能到目的地？那个时候，要解决这个困难，思想便发生了。

要管理我们的思想，照心理学上讲，须要用五种步骤：

1. 困难的发生

人必遇有歧路的环境或疑难问题的时候，才有思想发生。倘无困难，决不会发生思想。

2. 指定困难的所在

有的困难是很容易解决的，那就没有讨论和指定困难的所在的必要。要是像医生的看病，那就有关人命了。我们遇着一个人生病的时光，往往自己说不出病之所在；及至请了医生来，他诊了脉搏，验了小便，就完了事；后来吃了几瓶药水，就能够恢复原状。他所以能够解决困难，和我们所以不能解决困难的不同点，就在能否指定和认清困难之所在罢了。

3. 假设解决困难的方法

这就是所谓出主意了。像三岔路口的困难者，他有了主意，必定向电车站杨柳树那边跑。这种假说的由来，多赖平日的知识与经验。语云："养兵千日，用在一朝。"我们求学亦复如此。这一步实是最重要的一步。要是在没有思想的人，他在脑袋中，东也找不到，西也找不到，虽是他在平常，能够把书本子倒背出来；可是没有观察的经验，和考虑的能力，一辈子的胡思乱想，终是不能解决困难的啊。

但是也有人，因为学识太足了，经验太富了，到困难来临的时候，脑海中同时生了许多不同的解决方法；有的时候，把对的主意，给个人的感情和嗜好压了下去，把不对的主意，反而实行了。及后铸成大错，追悔莫及。所以思想多了，一定还要用精密谨慎的方法，去选定一个最好的主意。

4. 判断和选定假设之结果

假若我脑海中有了三种主意：第一主意的结果是 A.B.C.D，第二主意的结果是 E.F.G，第三主意的结果是 H.I，那个时候，就要考虑他三个结果的价值和利害；然后把其中最容易而准确的结果设法证明。

还有我们做事，往往用主观的态度，而不用客观的态度；这就是我们常说的："某人说话，不负责任"的解释了。

此次五卅惨案，也有许多激烈的青年，主张和英国宣战，他们没有想到战争时，和战争后，政治上，商业上，交通上，经济上，军事上的一切设备和结果。他们只知唱高调，不负责任的胡闹，只被成见和一时感情的冲动所驱使，没有想到某种条件有某种结果，和某种结果有没有解决某种条件的可能。

5. 证实结果

既已择定一个解决困难的方法，再要实地实验，看他实效的如何以定是非与价值。遇有事实不易在自然界发生的，则用人力造成某种条件以试验之。例如欲知水是否为轻养二原素[①]所构成，此事在自然界不易发生，于是以人力合二原质于一处，加以热力，考察是否能成水。更以水分析之，看能否成轻养二原素，即从效果上来证实水的成分。

从前我的父亲有一次到满洲去勘界。一天到了一个大森林，走了多天，竟迷了路；那个时候干粮也吃完了，马也疲乏了，在无可如何

①指"氢氧二元素"。

的时光，他爬上山顶，登高一望，只见翠绿的树叶，弥漫连续，他用来福枪放起来，再把枯树焦叶烧起来，可是等了半天，连救援人的影踪也找不到。他便着急起来了，隔一回儿，他想起从前古书里有一句话，叫做“水必出山”。他便选定了这个办法，找到了河，遵了河道，走了一日夜，竟达到了目的地。

又有一例。禅宗中有一位烧饭的，去问他的大法师道:“佛法是什么？”那大法师算了半天，才回答道：“上海的棉花，二个铜子一斤。”烧饭的便说道：“我问你的是佛法，你答我的是棉花，这真是牛头不对马面了。”隔了三年，他到了杭州的灵隐寺去做烧饭，他又乘便问那主持的和尚道：“佛法是什么？”那主持和尚道：“杭州的棉花，也是二个铜子一斤。”他更莫名其妙；于是他便跑到普陀山，峨眉山……途中饱尝了饥渴盗匪之苦，问了许多和尚法师，竟没有得到一个圆满的解决。有一天，他到了一个破庙房，碰到一个老年的女丐，口中咿唔的在自语着，他在不知不解间，听得一句不相干的话，忽然间竟觉悟了世界上怎样的困难，他也就明白了“佛法是什么”。他在几十年中所怀的闷葫芦，一旦竟明白了，不是偶然的。这就是孟子所说“资之深，则取之左右逢其源”，只要把自己的思想运用，把自己的脑筋锻炼，那么，什么东西都可以迎刃而解了！

在宋朝有一个和尚，名叫法贤，人家称他做五祖大师，他最喜欢讲笑话。他讲：从前有一个贼少爷，问贼老爷道：“我的年纪也大了，也不能天天玩耍了，爹爹也可以教我一点立身之道吗？”那贼老爷并不回答他，到了晚上，导他到一座高大的屋宇，进了门，便把自己身边的钥匙，开了一个很大的衣橱，让他的儿子进去，待到贼少爷跨进衣橱，贼老爷把橱门拍的关上，并且锁着；自己连喊“捉贼，捉贼”的逃了。那时候，贼少爷在衣橱里是急极了，他想，“我的爹爹叫我来偷东西，那么他为什么把我锁在里边，岂不是叫他们活剥剥的把我捉住，送我到牢狱里去，尝铁窗风味吗？”可是他既而一想，“怎么样我可以出去？”便用嘴作老鼠咬衣服的声音，孜孜的一阵乱叫，居然有人给他开门了，他便乘着这个机会，把开门的人打倒，把蜡烛吹灭，等他仆人们来追赶他，他早已一溜烟的跑回家了。他看见父亲之后，第一声便问道："你为什么把我关在橱里呢？"那贼老爷道："我先要问你，你是怎么样出来的？"他便把实情一五一十的讲给贼老爷听，他听了之后，眉开眼笑的说道："你也干得了！"要是这位贼少爷，在困难发生的时候，不用思想，他早已大声的喊道："爹爹啊！不要关门啊"了。

我们读书不当死读，要讲合用；在书本之外，尤其要锻炼脑力，运用思想，和我的父亲，禅宗中的烧饭者和贼少爷一般无二。他们是能用有条理有系统有方法的思想，去解决他们的困难的。

我记得前几天有一个日本新闻记者问我："现在中国青年的思想是什么？"我便很爽快的答道："中国的青年，是没有思想的。"这一句话，我觉得有一点武断，并且很对不起我国的青年，可是我也有不得已的苦衷。当我在北京大学教论理学的时光，我出了三个问题：

（一）照你自己经验上讲，有何可称为思想的事实？

（二）在福尔摩斯的侦探案中，用科学方法分析出来有何可称为思想的事实？

（三）在科学发明史上，有何可称为思想的事实？

到了后来，第二第三都能回答得很对，第一问题简直回答的不满十分之二，而他们所回答的，完全是答非所问，这便因为他们平时不注意于运用思想的缘故。

东西文化之比较

一

近年来欧洲许多消极的学者，唱着这种论调：西方的物质文明业已破产，东方的精神文明将要兴起。去年我在德国的时候，有一个很渊博的学者和我说："东方文化是建筑在精神上面。甚至东方人的灵魂得救，都是以道德高下为选择的标准。轮回之说，不是如此吗？"这种言论，虽然是他们战后一种厌倦的心理；然而对于那些东方文化夸耀者，实足以助长其势焰。依我个人所见所闻，这种论调，也使西人对于他们自己那日见增长的文化，没有得着一种正确的观念。我草此文讨论东西之文化，就是想大家对于这两种文化有一种新的观念。

二

我是一个中国人，所以就从孔子讲起。依照孔子观象制器的理论，一切文化之起源是精神的，是从意象而生的。"见乃谓之象，形乃谓之器，制而用之谓之法，利用出入，民咸用之，谓之神。"孔子举出许多事实，证明这个理论。我们看见木头在水上浮，就发明了船；看见另一种木头可以沉入水内，就发明棺材坟墓以保存父母的遗体；看见雨水落在地下，就发明文字以记载事实，因为恐怕它们也像雨水一样落下不见了。

柏拉图与亚里士多德也有这种理论。人类的器具与制度都起源于意象，即亚里士多德所谓"法因"（formal causes），孔子，柏拉图，亚里士多德等都生于上古时代，那时并无所谓物质与精神的二元论，所以他们能够认清一切物体的后面都是有思想的。

实际上，没有任何文化纯粹是物质的。一切文化的工具都是利用天然的质与力，加以理智的解析，然后创造成功，以满足人的欲望，美感，好奇心等。我们不能说一把泥壶比较一首情诗要物质些，也不能说圣保罗礼拜堂比较武尔威斯洋房要精神些。最初钻木取火的时候，都以为这是一件属乎精神的事，所以大家都以为是一个伟大的神所发明的。中国太古神话时代的皇帝都是发明家，并不是宗教的领袖。譬如燧人氏发明火，有巢氏发明房屋，神农氏发明耕种与医药。

我们的祖先将一切器具归功于神是很对的。人是一种制造器具的动物，所以器具就构成了文化。火的发明是人类文化史中第一个新纪元，农业的发明是第二个，文字是第三个，印刷是第四个。中古时代世界各大宗教，从中国东海横行到英国，将世界的文化都淹没了。直到后来发明了望远镜、汽机、电气、无线电等，世界文化才到今日的地步。如果中古时代那些祭司们可称为“圣”，那么，伽利略(Galileo)、瓦特、斯蒂芬孙、模司（Morse）、柏尔(Bell)、爱迪生(Edison)、福特等，就可称为神，而与伯罗米修士（Prometheus）、卡德马斯（Caddmus）居于同等的地位了。他们可以代表人群中之最神圣者，因为他们能够利用智力，创造器具，促进文化。

一个民族的文化，可说是他们适应环境胜利的总和。适应环境之成败，要看他们发明器具的智力如何。文化之进步就基于器具之进步。所谓石器时代、铜器时代、钢铁时代、机电时代等，都是说明文化发展之各时期。各文化之地域的发展也与历史的发展差不多。东西文化之区别，就在于所用的器具不同。近二百年来西方之进步远胜于东方，其原因就是西方能发明新的工具，增加工作的能力，以战胜自然。至于东方虽然在古代发明了一些东西，然而没有继续努力，以故仍在落后的手工业时代，而西方老早就利用机械与电气了。

这才是东西文明真正的区别了。东方文明是建筑在人力上面的，而西方文明是建筑在机械力上面的。有一个美国朋友向我说：“美国每个男女老幼有二十五个以至三十个机械的奴仆替他当差，但是每个中国人只有四分之三的机械奴仆替他服务。”还有一个美国工程师说：“美国每人有三十五个看不见的奴仆替他做事。美国的工人，并不是工资的奴隶，而是许多工人的头目。”这就是东西文化不同之处。它们原来不过是进步之程度不同，后来时日久远，就变为两种根本不同的文化了。

三

1926年7月我到欧洲去的时候，路过哈尔滨。这城是俄国的租借地，从前不过是一个小小的镇市，但是现今就成为“中国北部之上海”了。离哈尔滨租界不远，另有一个中国的城市，这城市从前是一个村庄。我在这里游玩的时候，有一件事令我很注意：中国城里一切运输都是用黄包车或是其他用人力的车，但是在租界上这种车子不许通行。现在租界已收回中国，不过一切行政仍照俄国旧时办理。租界的交通，都是用电车汽车；如有人力车进入租界，就必须退出，而且不给车资。

那些夸耀东方精神文明者，对于这种种事实可以考虑考虑。一种文化容许残忍的人力车存在，其“精神”何在呢？不知什么是最低限度的工资，也不知什么工作时间的限制，一天到晚只知辛苦的工作，这还有什么精神生活呢？一个美国的工人可以坐他自己的汽车去上工，星期日带着一家人出去游山玩水，可以不花钱用无线电机听极好的音乐，可以送他的儿女到学校里去读书，那学校里有最好的图书馆试验室等。我们是否相信一个拖洋车的苦力的生活，比较美国的工人要精神化些道德化些呢？

除非我们真正感到人力车夫的生活是这样痛苦，这样有害于他们的身体，我们才会尊敬哈格理佛士（Hargreaves），卡特赖特（Cartwright），瓦特，福尔敦（Fulton），斯蒂芬孙，福特等。他们创造机器，使人类脱离痛苦，如现今东方民族所忍受的。

这种物质文明——机械的进步——才真正是精神的。机械的进步是利用智力创造机器，增加人类工作与生产的能力，以免徒手徒脚的劳苦而求生活。这样，我们才有闲余的时间与精力去欣赏较高的文化。如果我们要劳苦工作，才能够生存；那么我们就没有什么生活了，还有什么文化可言呢？凡够得上文化这名词，必须先有物质的进化为基础。二千六百年前管仲曾经说过：“衣食足而知荣辱，仓廪实而知礼义。”

这并不是什么经济史观，乃是很简单的常识。我们试想想：一群妇女孩子们，提着竹篮，拿着棍子，围聚在垃圾堆中寻找一块破布或是煤屑，这叫做什么文明呢？在这种环境里能产生什么道德的精神的文明么？

那么，恐怕有人对于这种物质文明很低的民族，要谈到他们的宗教生活了。在此我不必讨论东方的各种宗教，它们最高的圣神也不过是些泥塑木雕的菩萨而已。不过我要问问："譬如一个老年的叫化婆子，贫困得要死了，她死的时候口里还念着南无阿弥陀佛，深信自己一定能够到佛爷的西天那里去的。用一种假的信仰，去欺哄一个贫困的叫花子，使他愿意在困苦的生活中生存或死亡，这叫做道德文明精神文明吗？如果她生在另一种文化里，会到这种困苦的地步吗？"

不，绝对不是如此，人老了，不能抵抗自然的力量，才会接受那种催眠式的宗教。他很失望，不愿意奋斗，于是他设法自慰，宣言财富是可鄙的，穷困是荣幸的。这样的人，正像狐狸吃不着葡萄，而反说葡萄味苦一样。这种议论，差不多是说现世的生活没有什么价值，幸福的生活，还在来生。哲人们既宣传了这种思想，那些过激派更进而禁欲，自制，甚至自杀。西方的祭司们常常祈祷，禁食，在柱头上鞭笞自己。中国中古时代也有许多和尚祈祷，禁食，天天吃香油，甚至用油布捆着自己烧死，献给佛菩萨作为祭品。

世界的文化，就是为中古时代这种自弃的宗教所淹没了。一千余年之后，人类才打倒那种以困苦为中心的文化，而建设以生活为中心的新文化。现在我们环观四周，中古的宗教还存在，巍伟的教堂还存在，一切庙宇也还存在；但是何以我们对于人生的观念完全改变了呢？这种变迁，是因为人类近二百年来，发明了许多器皿与机器，以驾驭天然的财富与能力。利用这种机器，就可以节省人工，缩短距离，飞行空中，通过山岭，潜行海底，用电流来拖我们的车子，用"以太"来传我们的消息。科学与机械可以随意运用自然。人生逐渐舒适些，快乐些；人类对于自己的信仰心，也加大些。这样，人就把自己的命运，握在自己的手掌中了。有一个革命的诗人唱着：

我独战，独胜，独败；

我自由，毫无依赖；

我思想，终日无懈；

我死亡，何须基督替代？

这样，现代的新文化就产生了一种新的宗教——自立的宗教——与中古时代自弃的宗教完全相反。

四

我们都是历史的产儿，所以我们要了解现代各种文化，最好是与它们中古的历史背景相比较，就更易于明了。东西文化之成败，就是看它们能够脱离中古时代那种传统思想制度到什么程度。照我以上各段所讨论的，西方文化解脱中古文化之羁绊，可说是成功最大的；至于现代印度的文化，可说还是中古文化。在此两极端之中，其他东方各文化，其成功之程度，就各有高下不同了。

我们将日本与中国两相比较，对于这一点就更易于明了。一千二百年前，中国就开始反对佛教了。孔子之人道主义，老子之自然主义，都是极力反对中古之宗教的。八世纪时的大乘佛教变为禅宗，而禅宗不过是中国古代的自然主义而已。九世纪时，禅宗极力反对偶像，差不多与佛教脱离了。到了十一世纪，儒教又复兴。自此以后，佛教的势力，就逐渐消失了。因此，后来新起的儒教，成为学者的哲理，以理智的态度，“致知格物”。到了十七世纪中叶，学者对于一切研究考据，纯粹用科学的方法。凡文字版本历史等考据学，都必须以事实为根据。各学者既采用此种方法，以故中国近三百年的学术，极合乎科学的方法；而许多历史的科学，如文字学、版本学、汉学、古物学等，都极其发达。

中国虽则倡导人文主义，脱离宗教的羁绊，然而今日仍旧在落后的地位。她推翻了中古时代的宗教，但是对于大多人民的生活，仍旧没有什么改进。她善于利用科学方法，但是这方法只限于图籍方面。她的思想得了自由，但是她没有利用思想战胜物质的环境，使人民的日常生活也得自由。五百年的哲学思想，不能使中国逃出盗贼饥荒的灾害，以故十七世纪的学者，实在是灰心。于是他们不得不舍弃那空洞的哲学，而从事于他们所谓“有用的学识”。但是他们何尝梦想到这三百年来所用的苦工，虽则是用科学方法，仍不免只限于书本上的学识，而对于普通人民的日常生活，毫无补救呢？

至于日本呢，她很不客气地接受西方的机械文明，在很短的时期内，就造成了新式的文化。当培理（Perry）到日本的时候，她还是麻醉在中古文化里。对于西方文化，她起初还表示反抗，但不久就不得不开放门户而接受了。日人因着外人的凌辱蹂躏，于是奋起直追，制造枪炮，便利交通，极力生产，整顿政治；而对于中古的宗教封建制度等，都置之不理了。在五十年之中，日本不但一跃而为世界列强之一，而且解决了许多困难问题，为印度的佛教或中国的哲学所不能解决的。封建制度取消了，立宪政府起而代之，中古的宗教也立刻倒塌了。人力车是日本发明的，但是现今横滨东京等处的人力车，日渐减少。人力车之减少，并不是因为什么宗教的人道主义，也不是因为那些仁慈的太太们所组织的慈善机关，乃是因为“市内一圆”的福特车。国家既因着工业而富足兴盛，于是国内的文艺天才，乘机而起，产生了一种新的文学，与物质的进步并驾齐驱。日本现在有九十个专门科学的研究社；全国各工程师所组织的会社，共有三千会员。因着这许多人力与工具，东方就建筑了一个精神的文明。

这是怎么一回事，很易于明了。最初人类本身是制造器具的动物。发明新的器具，以胜过物质的环境，因而就构成了所谓文化。后来人类感觉得与自然奋斗太辛苦了，于是躲避在精神生活之下，而造成中古之黑暗时代。直到后来科学与机械兴起，大家才又恢复从前那种自信心，而产生现代西方的新文化。科学与机械传入日本，于是日本也构成了她的新文化。中国，印度，并其他东方各国，也必因着科学与机械，变为新文化的国家。

以上各节，已将现代西方机械文明之精神方面，详细说明。机械之所以为精神的，乃因其能解脱人生之困苦，使大众有享受快乐的机会。无论我们是否善于利用闲暇以寻求快乐，而专就利用机械以解脱困苦一层而论，就可说是精神的享乐。我们不能因为几个传教士被逼迫而烧死了，就咒诅上帝。

现在我们要讨论西方文明其他的精神方面。在此我不必谈什么艺术音乐文学，因为我们大概都可以承认西方的艺术与文学可以与东方的相颉颃，至于西方的音乐，就远胜于东方了。

我们先谈科学罢。无论我们对于精神生活的定义怎样，寻求知识是人类精神的需要，这是任何人不能否认的。但是古代的文明，都极力压制这种求知欲。照《圣经·创世纪》所讲，人类的堕落，并非因着女人，乃是因着求知的欲望。东方许多宗教，都以为无知则无欲，主张摒弃智识，服从天道。庄子说："吾生也有涯，而知也无涯，以有涯随无涯，殆已。"这些哲人大都回避求知的路，而致力于内省默坐修养等工夫，以寻求他们所谓深奥的智慧。还有些以为冥想可以与神相通。此外，佛教中所谓"四禅""六度"，也是如此。

1927年正月有一个埃及的僧侣在英格兰宣言东方的精神文明要高超些，因为他能够活埋在地下经过二点五十二分钟之久，仍旧可以复活。他比较大魔术家胡丁黎（Houdini）多能支持八十二分钟，但是戏院没有允许他表演，因为戏院的老板恐怕观众不能忍耐等待三点钟之久。

其实，这并不是什么精神文明。现在东方许多苦行僧，也能够表演这种伎俩。许多下等动物在蛰伏时期不是与这个一样么？至于那些科学家，用严格研究与实验的方法，发现自然的秘密，实在是真正精神的快乐。不下一番工夫，不利用观察，只知一味的偷懒，确实是找不着什么真理的。科学可以训练我们的脑力，供给我们好的工具与方法。智识虽然无限，但科学家并不失望，因为不断的努力，日积月累，就可以对于自然逐渐明了。一次的成功，就有一次的进步，也就有一次的精神快乐。阿基米得（Archimedes）去洗澡的时候，忽然解释了他所疑难的问题，他快乐得不知所措，赤着身子跑到街上四处喊叫。许多科学家，如伽利略，牛顿，巴士特，爱迪生等，每次有什么新发现的时候，都感觉得无上的精神快乐。至于那些古代冒名的先知们，自己以为用内省的工夫，可以寻求高深的智识，对于这种精神的快乐，完全没有经验过。

那些旧式宗教的信徒们所谓精神快乐者，就不外乎自行催眠的法术。十七世纪时中国有一个革命的哲学家颜元（1635—1705），有一段事实纪载他个人精神的快乐：“甲辰五月夏至前四日，思故人，引仆控骡，被绵褐衣，驮麦里左。仆稞，独至柳下，铺褐坐息。仰目青天，和风泠然，白云散聚，遂朗吟云澹风轻之句，不觉心泰神逸；覆空载厚，若天地与我外，更无一事物。微闭眸视之，浓叶蔽日，碧绿罗裹，宝珠光耀，在隐露间，苍蝇绕飞，闻其声不见其形，如跻虞廷听九韶奏也。”后来颜元反对空洞的儒教，在北方倡导力行主义，不过他把上面这一段记载，存留在他的集子里，以证明那种半宗教式的哲学思想，是空虚的，自欺欺人的。

科学之最精神的处所，是抱定怀疑的态度；对于一切事物，都敢于怀疑，凡无真凭确据的，都不相信。这种态度虽然是消极的，然而有很大的功劳，因为这态度可以使我们不为迷信与威权的奴隶。怀疑的态度是建设的，创造的，是寻求真理的唯一途径。怀疑的目的，是要胜过疑惑，而建立一个新的信仰。它不只是反对旧的信仰、而且引起了许多新的问题，促成了许多新的发明。许多大科学家的传记，如达尔文，赫胥黎，巴士特，科和（Koch）等，都贯注着这种“创造的怀疑”的精神，足以感悟后人。中古的圣徒基于信仰，现代的科学家则基于怀疑。

五

但是现代西方文明最精神的处所，还是在它的新宗教。这宗教无适当的名称，暂称之为“民治的宗教”。现代文明并非始于宗教，但结果造成了一种新的宗教；也无所谓道德，但是产生了一种新的道德标准。老实说，十五六世纪欧洲的列强，可说是强盗式的国家。当时的大英雄如哥仑布[①]，麦哲伦，德类克（Drake）等，都是一些大海盗，乘风破浪以求金银财宝。他们这种冒险事业，都有政府为他们的经济后盾，而他们在外的荣辱，也与国体相关。他们的宗教，原是讲博爱的；他们的道德标准，原是惩责劫掠的，但是这些探险家并不理会这样的宗教与道德。

这种抢劫的行为，开辟了许多移殖通商的新大陆，增加了欧洲列强的财富与威势，激动了许多人发明与制造的热诚。接着就是工业革命，将产生的方法完全改变，各国的生产能力突然倍增。物质的享乐既然增高，就产生了许多中产阶级，而同时大家的想象力与同情心也扩大了。这样，大家都能掌握自己将来的命运，增加对于自己的信仰心，而各种社会意识，社会道德也应运而生了。以上种种，都造成了民治主义的新宗教。我所谓新宗教，就是十八世纪理想的个人主义，以及近百年的社会主义。

十八世纪的新信条是自由、平等、博爱。这新宗教到了十九世纪中叶就变为社会主义。这些新趋势，都是旧文化时所未曾梦想到的。不错，东方的宗教也谈什么博爱，什么土地与财产均分，但这些都不过是纸上谈兵，与实际的社会生活或政治组织毫不相关。

西方便不同了。自由、平等、博爱是法美及一八四八年各国革命的口号；以后的革命，也莫不如此。各新起共和国的宪法，都贯注着

①今译为“哥伦布”。

这种精神。这口号打倒了君王，帝国，贵族；实现了人群在法律上的平等，思想言论出版信仰的自由；并且解放了妇女，普及了教育。

社会主义可说是补充早期民治主义之个人思想的，是民治运动进程中之一部分。到了十九世纪中叶，经济的组织逐渐复杂，资本集中，以故从前的放任主义，不能达到平等自由的目的。大家反对义务教育，因其侵犯个人自由；反对劳资法及工厂法，因其专为某阶级的法律。近代经济组织既已改变，也必须有一种新的社会及政治哲学以适应此种新组织的需要。因此，一切社会主义运动，除掉什么经济史观阶级斗争的理论之外，不过是用社会群众或政府的力量，以求大多数最大的幸福。这运动大概可分为两大支流。一就是组织工会，用团体交涉或罢工的方法，以增进劳动阶级的利益。一就是用政府的力量，调和阶级斗争，而同时设法实行社会主义的思想，如征收遗产税及所得税，强迫工人保险，限制工作时间，制订最低工资等等。无论是用那种方法，以前许多看为很危险的社会主义思想，现在都实现在各新进国家的法律上或政策上了。我们虽然可以相信财产所有权是神圣的，但是实际上遗产税与所得税已成为各政府收入之一大宗了。英国是资本主义的大本营，但是英国的劳工党曾经组织过政府，而且不久仍有登台的希望。美国是极力主张个人自由的，但是美国政府还是强迫禁酒。现今的世界，已不知不觉的趋于社会主义之途了。

这种民治的宗教，不是专为个人的自由，也不是专为别人的自由，乃是设法使个个男女都能得自由。除了用科学与机械增高个人的快乐之外，还要利用制度与法律使大多数人都能得着幸福的生活——这就是西方最伟大的精神文明。我可以问问：妇女解放，民治政体，普及教育等，是否从东方的精神文明产生出来的呢？焚烧孀妇，容忍阶级制度，妇女缠足，凡此种种，是否精神文明呢？

六

现在我们将精神文明(spiritual civilization)物质文明(material civilization) 唯物文明 (materialistic civilization) 等名词，作为本篇的结论。物质文明兼有物体与思想两意义，因为一切器具都是思想的表现。西方的汽车文明固然是物质文明，而东方的独轮车文明就不能说不是物质文明。现今大都将唯物文明这名词加在现代西方文明上面，但我想这名词加在落后的东方文明上还较为恰当。唯物文明的意思，是为物质所限，不能胜过物质；如东方不能利用智力，战胜物质环境，改进人群的生活。东方的圣贤，劝人知足，听天由命，昏天黑地的敬拜菩萨；这种催眠式的哲学，比较他们自己所住的房子，所吃的食物，所拜的偶像，还要偏于唯物了。

反之，如果某种文化能够利用智力，征服自然，脱离迷信蒙昧，改进一切社会政治制度，以为人类最多数的幸福——这才是真正的精神文明，这种文化将来还要继续增长进步，不过它的进步，不会转向东方精神文明的途径，而是照着它已往所走的途径，继续进行。

十九、九、二十八

中国哲学里的科学精神与方法

一

前两次的东西哲学会议上都有人提出过这样的问题：东方从前究竟有没有科学呢？东方为什么科学很不发达，或者完全没有科学呢？

对于第一个问题，有些答案似乎确然说是没有。薛尔顿教授 (Prof.

W.H.Sheldon）说：“西方产生了自然科学，东方没有产生。”诺斯洛浦教授（Prof.Filmer S.C.Northrop）也说：“（东方）很少有超过最浅近最初步的自然史式的知识的科学。”

对于第二个问题，东方为什么科学不发达，或者完全没有科学，答案很不一致。最有挑战性刺激性的答案是诺斯洛浦教授提出来的。他说：“一个文化如果只容纳由直觉得来的概念，就天然被阻止发展高过那个最初步的、归纳法的、自然史阶段的西方式的科学。”依照诺斯洛浦的定义说，由直觉得来的概念只“表示可以当下了解的事物，所含的意思全是由这种可以当下了解的事物得来的。”诺斯洛浦的理论是：

> 一个文化如果只应用由直觉得来的概念，就用不着形式推理和演绎科学。假如科学和哲学所要指示的只是当下可以了解的事物，那么，很明白，人只要观察、默想，就可认识这种事物了。直觉的和默想的方法也就是唯一靠得住的方法了。这正是东方人的见解，也正是他们的科学很久不能超过初步自然史阶段的原因——由直觉得来的概念把人限制在那个阶段里了。

这个理论又有这样扼要的一句话：“东方人用的学说是根据由直觉得来的概念造成的，西方人用的学说是根据由假设得来的概念造成的。”

我不想细说这个诺斯洛浦理论，因为我们这些二十来年时时注意这位哲学家朋友的人对于他的理论一定都知道得很清楚。

我只想指出，就东方的知识史来看，这个东西二分的理论是没有历史根据的，是不真实的。

第一，并没有一个种族或文化“只容纳由直觉得来的概念”。老实说，也并没有一个个人“只容纳直觉得来的概念”。人是天生的一种会思想的动物，每天都有实际需要逼迫他做推理的工作，不论做得好做得不好。人也总会懂得把推理做得更好些，更准确些。有一句话说得很不错：推理是人时时刻刻逃不开的事。为了推理，人必须充分使用他的理解能力，观察能力，想象能力，综合与假设能力，归纳与演绎能力。这样，人才有了常识，有了累积起来的经验知识，有了智慧，有了文明和文化。这样，东方人和西方人，在几个延续不绝的知识文化传统的中心，经历很长的时间，才发展出来科学、宗教、哲学。我再说一遍，没有一个文化“只容纳（所谓）由直觉得来的概念”，也没有一个文化天然“被阻止发展西方式的科学”。

第二，我想指出，为着尝试了解东方和西方，所需要的是一种历史的看法（a historical approach），一种历史的态度，不是一套“比较哲学上的专门名词”。诺斯洛浦先生举的“由假设得来的概念”有这些项：半人半兽，《第四福音》的开头一句，天父的概念，圣保罗、圣奥古斯丁、圣阿奎那斯的基督教，还有德谟克利图的原子——波尔（Bohr）——和卢斯福（Ruthorford）——古典物理学上的原子模型，爱因斯坦物理学上的时空连续。然而，我们在印度和中国的神话宗教著作里当然能够找到一千种想象的概念，足可以与希腊的半人半兽相比。我们又当然能够举出几十种印度和中国的宗教观念，足可以与《第四福音》的开头一句相比。所以这一套“二分法”的名词，这一套专用来渲染历史上本来不存在的一个东西方的分别的名词，难道我们还不应当要求停止使用吗？

因此，我现在很想解释一下我所说的比较哲学上用的历史的看法是什么。简单地说，历史的看法只是认为东方人和西方人的知识、哲学、宗教活动上一切过去的差别都只是历史造成的差别，是地理、气候、经济、社会、政治，乃至个人经历等等因素所产生，所决定，所塑造雕琢成的；这种种因素，又都是可根据历史，用理性，用智慧，去研究、去了解的。用这个历史的看法，我们可以做出耐心而有收获的种种研究、探索，可以不断求人了解，绝不只是笑，只是哭，或只是失望。用这个历史的看法，我们可以发现，东西两方的哲学到底还是相似多于相异；也许可以发现，不论有多少明显的差别存在，都不过是种种历史的因素特别凑合所造成的重点的程度上的差别。用这个历史的看法，也许我们更容易了解我们所谓“西方式的科学”的兴起要迅速发达，更容易了解这绝不是什么优等民族的一个独立的，并且是独占的创造，而且是许多历史因素一次非常幸运的凑合的自然结果。凭着一种耐心的历史探索，也许我们更容易了解，无论哪一种历史因素，或是种种因素的凑合，都不会“天然阻止”一个种族或文化——或者使一个种族或文化永远失了那种能力——学习、吸收、发展，甚至于超过另一民族在种种历史条件之下开创发扬起来的那些知识活动。

说一个文化“天然被阻止发展西方式的科学”，是犯了没有根据的悲观失望（to despair prematurely）。但是尽力弄清楚有些什么因素使欧洲得到了至少四百年来领导全世界发展近代科学的光荣，在另一方面又有些什么因素，或者是些什么因素怎样凑合起来，对于有史以来多少个种族或文化（连中世纪的“希腊罗马基督教”文化也不例外）在科学发展上遭受的阻碍以至于推行毁坏，要负很大的责任——这在我们这个很有学问的哲学家与哲学史家的会议中，也是一件值得做的事业，一种应当有的抱负。

二

我预备这篇论文，用了一个不很谦虚的题目：《中国哲学里的科学精神与方法》，也是想要显示一点比较哲学上用的历史的看法。

我有意不提中国哲学的科学内容，不但是为了那份内容与近四百年西方科学的成就不能相比——这是一个很明白的理由——而且正因为我的见解是：在科学发达史上，科学的精神或态度与科学的方法，比天文学、历法改革家、炼金术士、园艺家在实用上或经验上的什么成就都更有基本的重要性。

前哈佛大学校长康南特博士（Dr.James B.Conant），本身够一个第一流的科学家，在他的演讲集《懂得科学》（*On Understanding Science*）里，把这个见解表达得很有力量。因此我要引他说的话：

> 十六、十七世纪那些给精确而不受成见影响的探索立下标准的早期研究工作者，他们的先驱是些什么人呢？哥白尼、伽利略、维萨略（Vesalius）的精神上的祖先是什么人呢？中世纪那些偶然做实验工作的人，那些细心设计造出新机械的人，虽然渐渐增加了我们物理和化学的经验知识，都还算不得。这些人留给后世的人还只是许多事实资料，只是达到实用目标的有价值的方法，还不是科学探索的精神。要看严格的知识探索上的新勇气奋发，我们得向那少数深深浸染了苏格拉底传统的人身上去找，得向那些凭着原始的考古方法首先重新获得了希腊、罗马文化的早期学者身上去找。在文艺复兴的第一个阶段里把对于冷静追求真理的爱好发扬起来的人，都是研究人文的，他们的工作都不是关乎生物界或无生物界的，在中世纪，尽力抱评判态度而排除成见去运用人类的理智，尽力深入追求，没有恐惧也没有偏好，……这种精神全是靠那些作讨论人文问题的人保持下来的。在学术复兴时代（The revival of learning）的初期，最够得上说是表现了我们近代不受成见影响的探索的观念的，也正是人文学者的古代研究。
>
> 佩脱拉克（Petrarch）、薄伽邱（Boccaccio）、马奇维里（Machiavelli）、依拉斯莫斯（Erasmus），而绝不是那些炼金术士，应当算是近代科学工作者的先驱。依同样的道理说来，拉伯雷（Rabelais）与蒙丹（Montaiqne）发扬了评判的哲学精神，在我看也应当算是近代科学家的前辈。

我相信康南特校长的见解根本上是正确的。他给他的演讲集加了一个副标题：《一个历史的看法》（*An historical approach*），这也是很值得注意的。

从这个历史的观点看来，“对于冷静追求真理的爱好”“尽力抱评判态度而排除成见去运用人类的理智，尽力深入追求，没有恐惧也没有偏好”“有严格的智识探索上的勇气”“给精确而不受成见影响的探索立下标准”——这些都是科学探索的精神与方法的特征。我的论文的主体也就是讨论在中国知识史、哲学史上可以找出来的这些科学精神与方法的特征。

三

首先，古代中国的知识遗产里确有一个“苏格拉底传统”。自由问答，自由讨论，独立思想，怀疑，热心而冷静的求知，都是儒家的传统。孔子常说他本人“学而不厌，诲人不倦”“好古敏以求之”。有一次，他说他的为人是“发愤忘食，乐以忘忧，不知老之将至。”

过去两千五百年中国知识生活的正统就是这一个人创造磨琢成的。孔子确有许多地方使人想到苏格拉底。像苏格拉底一样，孔子也常自认不是一个“智者”，只是一个爱知识的人。他说：“知之者不如好之者，好之者不如乐之者。”

儒家传统里一个很可注意的特点是有意奖励独立思想，鼓励怀疑。孔子说到他的最高才的弟子颜回，曾这样说：“回也，非助我者也，于吾言无所不说（悦）。”然而他又说过：“吾与回言终日，不违如愚。退而省其私，亦足以发。”孔子分明不喜欢那些对他说的话样样都满意的听话弟子。他要奖励他们怀疑，奖励他们提出反对意见。这个怀疑问题的精神到了孟子最表现得明白了。他公然说“尽信《书》不如无《书》”，公然说他看《武成》一篇只“取其二三策”。孟子又认为要懂得《诗经》必须先有一个自由独立的态度。

孔子有一句极有名的格言是："学而不思则罔，思而不学则殆。"他说到他自己："吾尝终日不食，终夜不寝，以思，无益，不如学也。""学如不及，犹恐失之。""朝闻道，夕死可矣。"这正是中国的"苏格拉底传统"。

知识上的诚实是这个传统的一个紧要部分。孔子对一个弟子说："由，诲女（汝）知之乎？知之为知之，不知为不知，是知也。"又有次，这个弟子问怎样对待鬼神，孔子说："未能事人，焉能事鬼？"这个弟子接着问到死，孔子说："未知生，焉知死？"这并不是回避问题，这是教训一个人对于不真正懂得的事要保持知识上的诚实。这种对于死和鬼神的存疑态度，对后代中国的思想发生了持久不衰的影响。这也是中国的"苏格拉底传统"。

近几十年来，有人怀疑老子、老聃是不是个历史的人物，《老子》这部古书的真伪和成书年代。然而我个人还是相信孔子确做过这位前辈哲人老子的学徒，我更相信在孔子的思想里看得出有老子的自然主义宇宙观和无为的政治哲学的影响。

在那样早的时代（公元前六世纪）发展出来一种自然主义的宇宙观，是一件真正有革命性的大事。《诗经》的《国风》和《雅》《颂》里所表现的中国古代观念上的"天"或"帝"，是一个有知觉、有感情、有爱有恨的人类与宇宙的最高统治者。又有各种各样的鬼神也掌握人类的命运。到了老子才有一种全新的哲学概念提出来，代替那种人格化的一个神或许多个神：

有物混成，先天地生。寂兮寥兮，独立而不改，周行而不殆，可以为天下母。吾不知其名，字之曰道，强为之名曰大。

这个新的原理叫做"道"，是一个过程，一个周行天地万物之中，又有不变的存在的过程。道是自然如此的，万物也是自然如此的。

“道常无为，而无不为。”这是这个自然主义宇宙观的中心观念。这个观念又是一种无为放任的政治哲学的基石。“太上，下知有之。”这个观念又发展成了一种谦让的道德哲学，一种对恶对暴力不抵抗的道德哲学：“上善若水，水善利万物而不争。”“柔弱胜刚强。”“常有司杀者。夫代司杀者，是谓代大匠斫。夫代大匠斫者希有不伤手者矣。”

这是孔子的老师老子所创的自然主义传统。然而老师和弟子有一点基本的不同。孔子是一个有历史头脑的学者，一个伟大的老师，伟大的教育家，而老子对知识和文明的看法是一个虚无主义的看法。老子的理想国是小国寡民，有舟车之类的“什伯人之器而不用”“使民复结绳而用之！”“常使民无知无欲”。这种知识上的虚无主义与孔子的“有教无类”的民主教育哲学何等不同！

然而这个在《老子》书里萌芽，在以后几百年里充分生长起来的自然主义宇宙观，正是经典时代的一份最重要的哲学遗产。自然主义本身最可以代表大胆怀疑和积极假设的精神。自然主义和孔子的人本主义，这两极的历史地位是完全同等重要的。中国每一次陷入非理性、迷信、出世思想——这在中国很长的历史上有过好几次——总是靠老子和哲学上的道家的自然主义，或者靠孔子的人本主义，或者靠两样合起来，努力把这个民族从昏睡中救醒。

第一个反抗汉朝的国教，“抱评判态度去运用人类的理智，尽力深入追求，没有恐惧也没有偏好”的大运动，正是道家的自然主义哲学与孔子、孟子的遗产里最可贵的怀疑和看重知识上的诚实的精神合起来的一个运动。这个批评运动的一个最伟大的代表是《论衡》八十五篇的作者王充（公元 27—约 100）。

王充说他自己著书的动机：“亦一言也，曰：疾虚妄。”“是转为非，虚转为实，安能不言！……世间书传，多若等类，浮妄虚伪，没夺正是，心溃涌，笔手扰，安能不论！论则考之以心，校之以事；虚浮之事，辄立证验。”

他所批评的是他那个时代的种种迷信，种种虚妄，其中最大最有势力的是占中心地位的灾异之说。汉朝的国教，挂着儒教的牌子，把灾异解释作一种仁爱而全知的神（天）所发的警告，为的是使人君和政府害怕，要他们承认过失，改良恶政。这种汉朝的宗教是公元前一、二世纪里好些哲人政治家造作成的。他们所忧心的是在一个极广阔的统一帝国里如何对付无限君权这个实际问题，这种忧心也是有理由的；他们有意识或半有意识地看中了宗教手段，造出来一套苦心结构的"天人感应"的神学，这套神学在汉朝几百年里也似乎发生了使君主畏惧的作用。

最能够说明这套灾异神学的是董仲舒（公元前179—约104）。他说话像一个先知，也很有权威："人之所为，极其美恶，乃与天地流通而往来相应。""国家将有失道之败，而天乃先出灾害以谴告之；不知自省，又出怪异以警惧之；尚不知变，而伤败乃至。以此见天心之仁爱人君而欲止其乱也。"这种天与人君密切相感应的神学据说是有《尚书》与《春秋》（记载天地无数异变，有公元前722至481之间的三十六次日蚀，五次地震）的一套精细解释作根据。然而儒家的经典还不够支持这个荒谬迷忌的神学，所以还要加上一批出不完的伪书，叫做"谶"（预言）、"纬"（与经书交织来辅助经书的材料），是无数经验知识与千百种占星学的古怪想法混合成的。

这个假儒家的国教到了最盛的时候确被人认真相信了，所以有好几个丞相被罢黜，有一个丞相被赐死，只是因为据说天有了灾异的警告。三大中古宗教之一真是控制住帝国了。

王充的主要批评正针对着一个有目的上帝与人间统治者互相感应这种基本观念。他批评的是帝国既成的宗教的神学。他用来批评这种神学的世界观是老子与道家的自然主义哲学。他说：

夫天道自然也，无为；如谴告人，是有为，非自然也。……损皇天之德，使自然无为转为人事，故难听之也。

因此，他又指出，

人在天地之间，犹蚤虱之在衣裳之内，蝼蚁之在穴隙之中。……天至高大，人至卑小，……以七尺之细形，感皇天之大气，其无分铢之验，必也。

这也就是他指责天人感应之说实在是“损皇天之德”的理由。

他又提出理由来证明人和宇宙间的万物都不是天地有意（故）生出来的，只是自己偶然（偶）如此的：

儒者论曰：“天地故生人。”此言妄也。夫天地合气，人偶自生也。……因气而生，种类相产。……如天故生万物，当令其相亲爱，不当令人相贼害也，……则生虎狼蝮蛇及蜂虿之虫，皆贼害人，天又欲使人为之用邪？

公元第一世纪正是汉朝改革历法的时代。所以王充尽量利用了当时的天文学知识打破那流行的恶政招来灾异谴告的迷信说法。他说：

四十一二月日一食，五六月月亦一食。食有常数，不在政治。百变千灾，皆同一状，未必人君政治所致。

然而王充对于当世迷信的无数批评里用得最多的证据还是日常经验中的事实。他提出五“验”来证明雷不是上天发怒，只是空中阴阳两气相激而生的一种火。他又举许多条证据来支持他的无鬼论。其中说得最巧妙，从来没有人能驳的一条是：“如审鬼者，死人之精神，则人见之，宜徒见裸袒之形，无为见衣带被服也。何则？衣服无精神，人死与形体俱朽，何以得贯穿乎？”

以上就我所喜欢的哲学家王充已经说得很多了。我说他的故事，只是要表明中国哲学的经典时代的大胆怀疑和看重知识上的诚实的精神，如何埋没了几百年还能够重新起来推动那种战斗：用人的理智反对无知和虚妄、诈伪，用创造性的怀疑和建设性的批评反对迷信，反对狂妄的权威。大胆的怀疑追问，没有恐惧也没有偏好，正是科学的精神。“虚浮之事，辄立证验”，正是科学的手段。

四

我这篇论文剩下的部分要给中国思想史上的一个大运动做一个简单的解说性报告。这个运动开头的时候有一个：“即物而穷其理”“以求至乎其极”的大口号，然而结果只是改进了一种历史的考证方法，因此开了一个经学复兴的新时代。

这个大运动有人叫做新儒家（Neo–Confucian）运动，因为这是一个有意要恢复佛教进来以前的中国思想和文化的运动，是一个要直接回到孔子和他那一派的人本主义，要把中古中国的那种大大印度化的，因此是非中国的思想和文化推翻革除的运动。这个运动在根本上是一个儒家的运动，然而我们应当知道那些新儒家的哲人又很老实地采取了一种自然主义的宇宙观，至少一部分正是道家传下来的，新儒家的哲人大概正好认为这种宇宙观胜过汉朝（公元前 206—公元 220）以来的那种神学的、目的论的“儒家”宇宙观。所以这又是老子和哲学上的道家的自然主义与孔子的人本主义合起来反抗中古中国那些被认为是非中国的、出世的宗教的一个实例。

这个新儒家运动需要一套新的方法，一套新工具（Novum Organum），于是在孔子以后出来的一篇大约一千七百字的《大学》

里找到了一套方法。新儒家的开创者们从这篇小文章里找着了一句“致知在格物”。程氏兄弟（程颢，1032—1085；程颐，1033—1107）的哲学，尤其是那伟大的朱熹（1130—1200）所发扬组织起来的哲学，都把这句话当作一条主旨。这个穷理的意思说得再进一步，就是“即凡天下之物，莫不因其已知之理而益穷之”。

什么是“物”呢？照程朱一派的说法，“物”的范围与“自然”一般广大，从“一草一木”到“天地之高厚”都包括在内。但是这样的“物”的研究是那些哲人做不到的，他们只是讲实物讲政治的人，只是思想家和教人的人。他们的大兴趣在人类的道德和政治的问题，不在探求一草一木的“理”或定律。所以程颐自己先把“物”的范围缩到三项：研究经书，论古今人物，研究应接事务的道理。所以他说，“近取诸身”。朱子在宋儒中地位最高，是最善于解说，也最努力解说那个“即物而穷其理”的哲学的人，一生的精力都用在研究和发挥儒家的经典。他的《四书（新儒家的《新约》）集注》，还有《诗经》和《易经》的注，做了七百年的标准教本。“即物而穷其理”的哲学归结是单为用在范围有限的经学上了。

朱子真正是受了孔子的“苏格拉底传统”的影响，所以立下了一套关于研究探索的精神、方法、步骤的原则。他说：“大抵义理须是且虚心随他本文正意看”“只虚此心，将古人语言放前面，看他意思倒杀向何处去。”怎样才是虚心呢？他又说：“须是退步看。”“愈向前愈看得不分晓，不若退步却看得审。大概病在执着，不肯放下。正如听讼，心先有主张乙底的意思，便只甲的不是，先有主张甲的意思，便只见乙的不是。不若姑置甲乙之说，徐徐观之，方能辨其曲直。横渠（张载，1020—1077）云：‘濯去旧见，以来新意。’此说甚当。若不濯去旧见，何处得新意来？”

十一世纪的新儒家常说到怀疑在思想上的重要。张横渠说：“在可疑而不疑者，不曾学。学则须疑。”朱子有校勘、训诂工作的丰富经验，所以能从“疑”的观念推演出一种更实用更有建设性的方法论。他懂得怀疑是不会自己生出来的，是要有了一种困惑疑难的情境才会发生的。他说：“某向时与朋友说读书，也教他去思索，求所疑，近方见得只是且恁地虚心，就上面熟读，久之自有所得亦自有疑处。盖熟读后，自有窒碍不通处，是自然有疑，方好较量。”“读书无疑者须教有疑，有疑者却要无疑，到这里方是长进。”

到了一种情境，有几个发生互相冲突的说法同时要人相信，要人接受，也会发生疑惑。朱子说他读《论语》曾遇到“一样事被诸先生说成数样”，他所以“便着疑”。怎样解决疑惑呢？他说：“只有虚心。”“看得一件是，未可便以为是，且顿放一所，又穷他语，相次看得，多相比并，自然透得。”陆象山（1139—1193）是朱子的朋友，也是他的哲学上的对手。朱子在给象山的一封信里又用法官审案的例说：“（如）治狱者当公其心，……不可先以己意之向背为主，然后可以审听两造之辞，旁求参伍之验，而终得其曲直之当耳。”

朱子所说的话归结起来是这样一套解决怀疑的方法：第一步是提出一个假设的解决方法，然后寻求更多的实例或证据来作比较，来检验这个假设——这原是一个“未可便以为是”的假设，朱子有时叫做“权立疑义”。总而言之，怀疑和解除怀疑的方法只是假设和求证。

朱子对他的弟子们说：“诸公所以读书无长进，缘不会疑。某虽看至没紧要的事物，亦须致疑。才疑，便须理会得彻头。”

正因为内心有解决疑惑的要求，所以朱子常说到他自己从少年时代起一向喜欢做依靠证据的研究工作（考证）。他是人类史上一个有第一等聪明的人，然而他还是从不放下勤苦的工作和耐心的研究。

他的大成就有两个方向：第一，他常常对人讲论怀疑在思想和研究上的重要——这怀疑只是“权立疑义”，不是一个目的，而是一个要克服的疑难境地，一个要解决的恼人问题，一个要好好对付的挑战。第二，他有勇气把这个怀疑和解除怀疑的方法应用到儒家的重要经典上，因此开了一个经学的新时代，这个新经学要到他死后几百年才达到极盛的地步。

他没有写一部《尚书》的注解，但他对《尚书》的研究却有划时代的贡献，因为他有大勇气怀疑《尚书》里所谓“古文”二十五篇的真伪。这二十五篇本来分明是汉朝的经学家没有见到的，大概公元四世纪才出来，到了七世纪才成为《尚书》的整体的一部分。汉朝博士正式承认的二十八篇（实在是二十九篇），原是公元前二世纪一个年老的伏生（他亲身经历公元前213年的焚书）口传下来，写成了当时的“今文”。

朱子一开始提出来的就是一个大疑问：“孔壁所出《尚书》……皆平易，伏生所传皆难读。如何伏生偏记得难底，至于易的全记不得？此不可晓。”

《朱子语类》记载他对每一个问《尚书》的学生都说到这个疑问。“凡易读者皆古文，……却是伏生记得者难读。”朱子并没有公然说古文经是后来人伪造的。他只是要他的弟子们注意这个难解的文字上的差别。他也曾提出一种很温和的解释，说那些篇难读的大概代表实际上告诫百姓的说话，那些篇容易读的是史官修改过，甚至于是重写过的文字。

这样一个温和的说话自然不能消除疑问；那个疑问一提出来就要存在下去，要在以后几百年里消耗经学家的精神。

一百年之后，元朝（1271—1368）的吴澄接受了朱子的挑战，寻得了一个合理的结论，认为那些篇所谓“古文”不是真正的《尚书》的一部分，而是很晚出的伪书。因此吴澄作《书纂言》，只承认二十八篇“今文”，不承认二十五篇“古文”。

到了十六世纪，又有一位学者梅鷟，也来研究这个问题。他在1543年出了一部书，证明《尚书》的“古文”部分是四世纪的一个作者假造的，那个作者分明是从若干种提到那些篇“佚”书的篇名的古书里找到许多文字，用作造假的根据，梅鷟费了力气查出伪《尚书》的一些要紧文字的来源。

然而还要等到十七世纪又出来一个更大的学者阎若璩（1636—1704），才能够给朱子在十二世纪提出的关于《古文尚书》的疑惑定案。阎若璩花了三十多年功夫写成一部大著作《尚书古文疏证》。他凭着过人的记忆力和广博的书本知识，几乎找到《古文尚书》每一句的来源，并且指出了作伪书的人如何错引了原文或误解了原文的意义，才断定这些篇是有心伪造的。总算起来，阎若璩为证明这件作伪，举了一百多条证据。他的见解虽然大受当时的保守派学者的攻击，我们现在总已承认阎若璩定了一个铁案，是可以使人心服了。我们总已承认：在一部儒家重要经典里，有差不多半部，也曾被当作神圣的文字有一千年之久，竟不能不被判定是后人假造的了。

而这件可算得重大的知识上的革命不能不说是我们的哲人朱子的功绩，因为他在十二世纪已表示了一种大胆的怀疑，提出了一个很有意思的，只是他自己的工夫还不够解答的问题。

朱子对《易经》的意见更要大胆，大胆到在过去七百年里没有人敢接受，没有人能继续推求。

他出了一部《周易本义》，又有一本小书《易本义启蒙》。他还留下不少关于《易经》的书信和谈话记录。

他的最大胆的论旨是说《易经》虽然向来被看作一部深奥的哲理圣典，其实原来只是卜筮用的本子，而且只有把《易》当作一部卜筮的书，一部“只是为卜筮”的书，才能懂得这部书。“八卦之画本为占筮，……文王重卦作繇辞，周公作爻辞，亦只是为占筮。”“如说田猎、祭祀、侵伐、疾病，皆是古人有此事去卜筮，故爻中出此。”“圣人要说理，……何不别作一书，何故要假卜筮来说？”“若作卜筮看，极是分明。”

这种合乎常识的见解在当时是从来没有人说过的见解。然而他的一个朋友表示反对，说这话“太略”。朱子答说：“譬之此烛笼，添得一条骨子，则障了一路明。若能尽去其障，使之体统光明，岂不更好？”

这是一个真正有革命性的说法，也正可以说明朱子一句深刻的话：“道理好处又却多在平易处。”然而朱子知道他的《易》只是卜筮之书的见解对他那个时代说来是太急进了。所以他很伤心地说：“此说难向人道。人不肯信。向来诸公力求与某辨，某煞费力气与他分析。而今思之，只好不说，只做放那里，信也得，不信也得，无许多力气分疏。”

朱子的《诗集传》（1117）在他身后做了几百年的标准读本，这部注解也是他可以自傲的。他这件工作有两个特色足以开辟后来的研究道路。一个特色是他大胆抛弃了所谓“诗序”所代表的传统解释，而认定《雅》《颂》和《国风》都得用虚心和独立的判断去读。另一个特色是他发现了韵脚的“古音”；后世更精确的全部古音研究，科学的中国音韵的前身，至少间接是他那个发现引出来的。

作《通志》的郑樵（1104—1162）是与朱子同时的人，但是年长的一辈，出了一部小书《诗辨妄》，极力攻击“诗序”，认为那只是一些不懂文学，不懂得欣赏诗的村野妄人的解释。郑樵的激烈论调先也使我们的哲人朱子感到震动，但他终于承认：“后来仔细看一两篇，因质之《史记》《国语》，然后知‘诗序’之果不足信。”

我再举相冲突的观念引起疑惑的一个好例，也是肯虚心的人能容受新观念，能靠证据解决疑惑的好例。朱子谈到他曾劝说他的一个一辈子的朋友吕祖谦(1137—1181)，又是哲学上的同道，不要信“诗序”，但劝说不动。他告诉祖谦，只有很少几篇“诗序”确有《左传》的材料足以作证，大多数“诗序”都没有凭证。“渠却云，‘安得许多文字证据？’某云，‘无证而可疑者，只当阙之，不可据序作证’。渠又云，‘只此序便是证。’某因云，‘今人不以诗说诗，却以序解诗。’”

朱子虽然有胆量去推翻“诗序”的权威，要虚心看每一篇诗来求解诗的意义，但是他自己的新注解，他启发后人在同一条路上向前走动的努力，却还没有圆满的成绩。传统的分量对朱子本人，对他以后的人，还太沉重了。然而近代的全不受成见左右的学者用了新的工具，抱着完全自由的精神，来做《诗经》的研究，绝不会忘记郑樵和朱熹的大胆而有创造性的怀疑。

朱子的《诗经》研究的第二个特色，就是叶韵的古音方面的发现。他在这一方面得了他同时的学者吴棫（死在 1153 或 1154）的启发和帮助。吴棫是中国音韵学一位真正开山的人，首先用归纳方法比较《诗》三百篇押韵的每一句，又比较其他上古和中古押韵的诗歌。他的著作不多，有《诗补音》《楚辞释音》《韵补》。只有最后一种翻刻本传下来。

《诗经》有许多韵脚按“今”音读不押韵，但在古代是自然押韵的，所以应当照“古音”读：这的确是吴棫首先发现的。他细心把三百多篇诗的韵脚都排列起来，参考上古和中古的字典韵书推出这些韵脚的古音。他的朋友徐蒇，也是他的远亲，替他的书作序，把他耐心搜集大批实例，比较这些实例的方法说得很清楚。“如服之为房六切，其见于《诗》者凡十有六，皆当为蒲北切（bek，高本汉读 b’iuk），而无与房六叶者。友之为云十九切，其见于《诗》者凡十有一，皆当作羽轨切，而无与云九叶者。”

这种严格的方法深深打动了朱子，所以他作《诗集传》，决意完全采用吴棫的“古音”系统。然而他大概是为了避免不必要的争论，所以不说“古音”，只说“叶韵”——也就是说，某一个字应当从某音读，是为了与另一读音显然没有变化的韵脚相叶。

但是他对弟子们谈话，明白承认他的叶韵大部分都依吴棫，只有少数的例有添减；又说叶韵也是古代诗人的自然读音，因为“古人作诗皆押韵，与今人歌曲一般。”这也就是说，叶韵正是古音。

有人问吴棫的叶韵可有什么根据，朱子答说：“他皆有据，泉州有其书。每一字多者引十余证，少者亦两三证。他说元初更多，后删去(为省抄写刻印的工费），姑存此耳。”朱子的叶韵也有同吴棫不同的地方，他在《语类》和《楚辞集注》里都举了些证人比较。

但是因为朱子的《诗集传》全用“叶韵”这个名词，全没有提到“古音”，又因为吴棫的书有的早已失传，也有的不容易得，所以十六世纪初已有一种讨论，严厉批评朱子不应当用“叶韵”这个词。1580 年，有一位大学者，也是哲学家，焦竑（1541—1620），在他的《笔乘》里提出了一个理论的简单说明［大概是他的朋友陈第（1541—1617）的理论］，以为古诗歌里的韵脚凡是不合近世韵的本来都是自然韵脚，但是读音经历长时间有了变化。他举了不少例来证明那些字照古人歌唱时的读音是完全押韵的。

焦竑的朋友陈第做了许多年耐心的研究，出了一套书，讨论好几种古代有韵的诗歌集里几百个押韵的字的古音。这套书的第一种《毛诗古音考》，是 1616 年出的，有焦竑的序。

陈第在自序里提出他的主要论旨：《诗经》里的韵脚照本音读是全自然押韵的，只是读音的自然变化使有些韵脚似乎全不押韵了。朱子所说的“叶韵”，陈第认为大半都是古音或本音。

他说：“于是稍为考据，列本证旁证二条。本证者诗自相证也。旁证者采之他书也。”

为了说明“服”字一律依本来的古音押韵，他举了十四条本证，十条旁证，共二十四条。他又把同样的归纳法应用在古代其他有韵文学作品的古音研究上。为了求“行”字的古音，他从《易经》有韵的部分找到四十四个例，都与尾音 ang 的字押韵。为一个“明”字，他从《易经》里找到十七个证据。

差不多过了半世纪，爱国的学者顾炎武（1613—1682）写成他的《音学五书》。其中一部是《诗本音》；一部是《易音》；一部是《唐韵正》，这是一种比较古音与中古音的著作。顾炎武承认他受了陈第的启发，用了他的把证据分为本证和旁证两类的方法。

我们再用“服”字作例子。顾炎武在《诗本音》里举了十七条本证，十五条旁证，共三十二条。在那部大书《唐韵正》里，他为说明这个字在古代的音韵是怎样的，列举从传世的古代有韵的作品里找到的一百六十二条证据！

这样耐心收集实例、计算实例的工作有两个目的：第一，只有这些方法可以断定那些字的古音，也可以找出可能有的违反通则而要特别解释的例外。顾炎武认为这种例外可以从方言的差异来解释。

但是这样大规模收集材料的最大用处还在于奠定一个有系统的古音分部的基础。有了这个古代韵文研究作根据，顾炎武断定古音可以分入十大韵部。

这样音韵学才走上了演绎的、建设的路：第一步是弄明白古代的“韵母”（韵部）；然后，在下一个时期，弄明白古代声母的性质。

顾炎武在 1667 年提出十大韵部。下一百年里，又有好些位学者用同样归纳和演绎的考证方法研究同一个问题。江永（1681—1763）提出十三个韵部。段玉裁（1735—1815）把韵部加到十七个。他的老师，也是朋友，戴震（1724—1777）又加到十九个。王念孙（1744—1832）和江有诰（死在 1851），各人独立工作，得到了彼此差不多的一百二十一部的系统。

钱大昕（1728—1804）是十八世纪最有科学头脑的人里的一个，在 1799 年印出来他的笔记，其中有两条文字是他研究古代唇、齿音的收获。这两篇文字都是第一等考证方法的最好的模范。他为唇音找了六十多个例子，为齿音也找了差不多数目的例子。为着确定各组里的字的古音，每一步工作都是归纳与演绎的精熟配合，都是从个别的例得到通则，又把通则应用到个别的例上。最后的结果产生了关于唇、齿音的变迁的两条大定律。

我们切不可不知道这些开辟中国音韵学的学者们有多么大的限制，所以他们似乎从头注定要失败的。他们全没有可给中国语言用的拼音字母的帮助。他们不懂得比较不同方言，尤其是比较中国南部、东南部、西南部的古方言。他们又全不懂高丽、越南、日本这些邻国的语言。这些中国学者努力要了解中国语言的音韵变迁，而没有这种有用的工具，所以实在是要去做一件几乎一定做不成的工作。因此，要评判他们的成功失败，都得先知道他们这许多重大的不利条件。

这些大人物可靠的工具只是他们的严格的方法：他们耐心把他们承认的事实或例证搜罗起来，加以比较，加以分类，表现了严格的方法；他们把已得到的通则应用到归了类的个别例子上，也表现了同等严格的方法。十二世纪的吴棫、朱熹，十七世纪的陈第、顾炎武，还有十八、十九世纪里那些继承他们的人，能够做出中国音韵问题的系统研究，能够把这种研究做得像一门学问——成了一套合乎证据、准确、合理系统化的种种严格标准——确实差不多全靠小心应用一种严格的方法。

我已经把我所看到的近八百年中国思想里的科学精神与方法的发达史大概说了一遍。这部历史开端在十一世纪，本来有一个很高大的理想，要把人的知识推到极广，要研究宇宙万物的理或定律。那个大理想没有法子不缩到书本的研究——耐心而大胆地研究构成中国经学传统“典册”的有数几部大书。一种以怀疑和解决怀疑做基础的新精神和新方法渐渐发展起来了。这种精神就是对于牵涉到经典的问题也有道德的勇气去怀疑，就是对于一份虚心，对于不受成见影响的，冷静的追求真理，肯认真坚持。这个方法就是考据或考证的方法。

我举了这种精神和方法实际表现的几个例，其中最值得注意的是考订一部分经书的真伪和年代，由此产生了考证学，又一个是产生了中国音韵的系统研究。

然而这个方法还应用到文史的其他许多方面。如校勘学、训诂学（semantics，字义在历史上变迁的研究）、史学、历史地理学、金石学，都有收获，有效验。

十七世纪的陈第、顾炎武首先用了“本证”“旁证”这两个名词，已经是充分有意运用考证方法了。因为有十七世纪的顾炎武、阎若璩这两位大师的科学工作把这种方法的效验表现得非常清楚，所以到了十八、十九世纪，中国第一流有知识的人几乎都受了这种方法的吸引，都一生用力把这个方法应用到经书和文史研究上。结果就造成了一个学术复兴的新时代，又叫做考据的时代。

这种严格而有效的方法的科学性质，是最用力批评这种学术的人也不能不承认的。方东树（1772—1851）正是这样一位猛烈的批评家，他在1826年出了一部书，用大力攻击整个的新学术运动。然而他对于同时的王念孙、引之（1766—1834）父子所用的严格的方法也不得不十分称赞。他说："以此义求之近人说经，无过高邮父子《经义述闻》，实足令郑、朱俯首，汉唐以来未有其匹。"一个用大力攻击整个新学术运动的人有这样的称赞，足以证明小心应用科学方法最能够解除反对势力的武装，打破权威和守旧，为新学术赢得人的承认、心服。

这种"精确而不受成见影响的探索"的精神和方法，又有什么历史的意义呢？

一个简单的答案，然而是全用事实来表示的答案，应当是这样的：这种精神和方法使一个主观的、理想主义的、有教训意味的哲学的时代（从十一到十六世纪）不能不让位给一个新时代了，使那个哲学显得过时、空洞、没有用处，不足吸引第一等的人了，这种精神和方法造成了一个全靠严格而冷静的研究作基础的学术复兴的新时代（1600—1900）。但是这种精神和方法并没有造成一个自然科学的时代。顾炎武、戴震、钱大昕、王念孙所代表的精确而不受成见影响的探索的精神并没有引出来中国的一个伽利略、维萨略、牛顿的时代。

这又是为什么呢？为什么这种科学精神和方法没有产生自然科学呢？

不止四分之一世纪以前，我曾试提一个历史的解释，做了一个十七世纪中国与欧洲知识领袖的工作的比较年表。我说：

我们试作一个十七世纪中国与欧洲学术领袖的比较年表——十七世纪正是近代欧洲的新科学与中国的新学术定局的时期——就知道在顾炎武出生（1613）之前四年，伽利略做成了望远镜，并且用望远镜使天文学起了大变化。解百勒(Kepler)发表了他的革命性的火星研究和行星运行之时，哈维（Harvey）发表了他的论血液运行的大作（1628）。伽利略发表了他的关于天文学和新科学的两部大作（1630）。阎若璩开始做《尚书》考证之前十一年，佗里杰利(Toricelli)已完成了他的空气压力大实验(1644)。稍晚一点，波耳（Boyle）宣布了他的化学新实验的结果，做出了波耳氏律（1660—1661）。顾炎武写成他的《音学五书》（1667）之前一年，牛顿发明了微积分，完成了白光的分析。1680年，顾炎武写《音学五书》的后序；1687年，牛顿发表他的《自然哲学原理》（Principia）。

这些不同国度的新学术时代的大领袖们在科学精神和方法上有这样非常显著的相像，使他们的工作范围的基本不同却也更加引人注意。伽利略、解百勒、波耳、哈维、牛顿所运用的都是自然的材料，是星球、球体、斜面、望远镜、显微镜、三棱镜、化学药品、天文表。而与他们同时的中国所运用的是书本、文字、文献证据。这些中国人产生了三百年的科学的书本学问；那些欧洲人产生了一种新科学和一个新世界。

这是一个历史的见解，但是对于十七世纪那些中国大学者有一点欠公平。我那时说："中国的知识阶级只有文学的训练，所以活动的范围只限于书本和文献。"这话是不够的。我应当指出，他们所推敲的那些书乃是对于全民族的道德、宗教、哲学生活有绝大重要性的书。那些大人物觉得抄出这些古书里每一部的真正意义是他们的神圣责任。他们正像白朗宁（Robert Browing）的诗里写的"文法学者"（Grammarian）：

"你捲起的书卷里写的是什么？"他问，
"让我看看他们的形象，
那些最懂得人类的诗人圣哲的形象，——
拿给我！"于是他披上长袍，
一口气把书读透到最后一页……

“我什么都要知道！……

盛席要吃到最后的残屑。”

“时间算什么？‘现在’是犬猴的份！

人有的是‘永久’。”

白朗宁对人本主义时代的精神的礼赞正是：“这人决意求的不是生存，是知识。”

孔子也表示同样的精神：“学如不及，犹恐失之。”“朝闻道，夕死可矣。”朱子在他的时代也有同样的表示：“义理无穷，惟须毕力钻研，死而后已耳。”

但是朱子更进一步说：“诸公所以读书无长进，缘不会疑。”“才疑，便须理会得彻头。”后来真能使继承他的人，学术复兴的新时代的那些开创的人和做工的人，都懂得了怀疑——抱着虚心去怀疑，再找方法解决怀疑，即使是对待经典大书也敢去怀疑。而且，正因为他们都是专心尽力研究经典大书的人，所以他们不能不把脚跟站稳：他们必须懂得要有证据才可以怀疑，更要有证据才可以解决怀疑。我看这就足够给一件大可注意的事实作一种历史的解释，足够解释那些只运用“书本、文字、文献”的大人物怎么竟能传下来一个科学的传统，冷静而严格的探索的传统，严格的靠证据思想、靠证据研究的传统，大胆的怀疑与小心的求证的传统——一个伟大的科学精神与方法的传统，使我们，当代中国的儿女，在这个近代科学的新世界里不觉得困扰迷惑，反能够心安理得。

介绍我自己的思想

（《胡适文选》自序）

我在这十年之中，出版了三集《胡适文存》，约计有一百四五十万字。

我希望少年学生能读我的书，故用报纸印刷，要使定价不贵。但现在三集的书价已在七元以上，贫寒的中学生已无力全买了。字数近百五十万，也不是中学生能全读的了。所以我现在从这三集里选出了二十二篇论文，印作一册，预备给国内的少年朋友们作一种课外读物。如有学校教师愿意选我的文字作课本的，我也希望他们用这个选本。

我选的这二十二篇文字，可以分作五组。

第一组六篇，泛论思想的方法。

第二组三篇，论人生观。

第三组三篇，论中西文化。

第四组六篇，代表我对于中国文学的见解。

第五组四篇，代表我对于整理国故问题的态度与方法。

为读者的便利起见，我现在给每一组作一个简短的提要，使我的少年朋友们容易明白我的思想的路径。

一

第一组收的文字是：

《演化论与存疑主义》

《杜威先生与中国》

《杜威论思想》

《问题与主义》

《新生活》

《新思潮的意义》

我的思想受两个人的影响最大：一个是赫胥黎，一个是杜威先生。赫胥黎教我怎样怀疑，教我不信任一切没有充分证据的东西。杜威先生教我怎样思想，教我处处顾到当前的问题，教我把一切学说理想都看作待证的假设，教我处处顾到思想的结果。这两个人使我明了科学方法的性质与功用，故我选前三篇介绍这两位大师给我的少年朋友们。

从前陈独秀先生曾说实验主义和辩证法的唯物史观是近代两个最重要的思想方法，他希望这两种方法能合作一条联合战线。这个希望是错误的。辩证法出于海格尔的哲学，是生物进化论成立以前的玄学方法。实验主义是生物进化论出世以后的科学方法。这两种方法所以根本不相容，只是因为中间隔了一层达尔文主义。达尔文的生物演化学说给了我们一个大教训：就是教我们明了生物进化，无论是自然的演变，或是人为的选择，都由于一点一滴的变异，所以是一种很复杂的现象，决没有一个简单的目的地可以一步跳到，更不会有一步跳到之后可以一成不变。辩证法的哲学本来也是生物学发达以前的一种进化理论；依他本身的理论，这个一正一反相毁相成的阶段应该永远不断的呈现。但狭义的共产主义者却似乎忘了这个原则，所以武断的虚悬一个共产共有的理想境界，以为可以用阶级斗争的方法一蹴即到，既到之后又可以用一阶级专政方法把持不变。这样的化复杂为简单，这样的根本否定演变的继续便是十足的达尔文以前的武断思想，比那顽固的海格尔更顽固了。

实验主义从达尔文主义出发，故只能承认一点一滴的不断的改进是真实可靠的进化。我在《问题与主义》和《新思潮的意义》两篇里，只发挥这个根本观念。我认定民国六年以后的新文化运动的目的是再造中国文明，而再造文明的途径全靠研究一个个的具体问题。我说：

文明不是笼统造成的，是一点一滴的造成的。进化不是一晚上笼统进化的，是一点一滴的进化的。现今的人爱谈“解放”与“改造”，须知解放不是笼统解放，改造也不是笼统改造。解放是这个那个制度的解放，这种那种思想的解放，这个那个人的解放：都是一点一滴的解放。改造是这个那个制度的改造，这种那种思想的改造，这个那个人的改造：都是一点一滴的改造。

再造文明的下手工夫是这个那个问题的研究。再造文明的进行是这个那个问题的解决（页六八）。

我这个主张在当时最不能得各方面的了解。当时（民国八年）承“五四”“六三”之后，国内正倾向于谈主义，我预料到这个趋势的危险，故发表《多研究些问题，少谈些主义》的警告。我说：

凡是有价值的思想，都是从这个那个具体的问题下手的。先研究了问题的种种方面的种种事实，看看究竟病在何处，这是思想的第一步工夫。然后根据于一生的经验学问，提出种种解决的方法，提出种种医病的丹方，这是思想的第二步工夫。然后用一生的经验学问，加上想象的能力，推思每一种假定的解决法应该可以有什么样的效果，更推想这种效果是否真能解决眼前这个困难问题。推想的结果，拣定一种假定的（最满意的）解决，认为我的主张，这是思想的第三步工夫。凡是有价值的主张，都是先经过这三步工夫来的。（页三六）

我又说：

一切主义，一切学理，都该研究。但只可认作一些假设的（待证的）见解，不可认作天经地义的信条；只可认作参考印证的材料，不可奉为金科玉律的宗教；只可用作启发心思的工具，切不可用作蒙蔽聪明，停止思想的绝对真理。如此方才可以渐渐养成人类的创造的思想力，方才可以渐渐使人类有解决具体问题的能力，方才可以渐渐解放人类对于抽象名词的迷信。（页五〇）

这些话是民国八年七月写的。于今已隔了十几年，当日和我讨论的朋友，一个已被杀死了，一个也颓唐了，但这些话字字句句都还可以应用到今日思想界的现状。十几年前我所预料的种种危险——“目的热”而“方法盲”，迷信抽象名词，把主义用做蒙蔽聪明停止思想的绝对真理———一都显现在眼前了。所以我十分诚恳的把这些老话贡献给我的少年朋友们，希望他们不可再走错了思想的路子。

《新生活》一篇，本是为一个通俗周报写的；十几年来，这篇短文走进了中小学的教科书里，读过的人应该在一千万以上了。但我盼望读过此文的朋友们把这篇短文放在同组的五篇里重新读一遍。赫胥黎教人记得一句“拿证据来！”，我现在教人记得一句“为什么？”少年的朋友们，请仔细想想：你进学校是为什么？你进一个政党是为什么？你努力做革命工作是为什么？革命是为了什么而革命？政府是为了什么而存在？

请大家记得：人同畜生的分别，就在这个“为什么”上。

二

第二组的文字只有三篇：

《〈科学与人生观〉序》

《不朽》

《易卜生主义》

这三篇代表我的人生观，代表我的宗教。

《易卜生主义》一篇写的最早，最初的英文稿是民国三年在康奈尔大学哲学会宣读的，中文稿是民国七年写的。易卜生最可代表十九世纪欧洲的个人主义的精华，故我这篇文章只写得一种健全的个人主义的人生观。这篇文章在民国七八年间所以能有最大的兴奋作用和解放作用，也正是因为它所提倡的个人主义在当日确是最新鲜又最需要的一针注射。

娜拉抛弃了家庭丈夫儿女，飘然而去，只因为她觉悟了她自己也是一个人，只因为她感觉到她“无论如何，务必努力做一个人。”这便是易卜生主义，易卜生说：

我所最期望于你的是一种真实纯粹的为我主义，要使你有时觉得天下只有关于你的事最要紧，其余的都算不得什么……你要想有益于社会，最好的法子莫如把你自己这块材料铸造成器。……有的时候我真觉得全世界都像海上撞沉了船，最要紧的还是救出自己。（页一三〇）

这便是最健全的个人主义。救出自己的唯一法子便是把你自己这块材料铸造成器。

把自己铸造成器，方才可以希望有益于社会。真实的为我，便是最有益的为人。把自己铸造成了自由独立的人格，你自然会不知足，不满意于现状，敢说老实话，敢攻击社会上的腐败情形，做一个“贫贱不能移，富贵不能淫，威武不能屈”的斯铎曼医生。斯铎曼医生为了说老实话，为了揭穿本地社会的黑幕，遂被全社会的人喊作“国民公敌”。但他不肯避“国民公敌”的恶名，他还要说老实话。他大胆的宣言：

世上最强有力的人就是那最孤立的人！

这也是健全的个人主义的真精神。

这个个人主义的人生观一面教我们学娜拉，要努力把自己铸造成个人；一面教我们学斯铎曼医生，要特立独行，敢说老实话，敢向恶势力作战。少年的朋友们，不要笑这是十九世纪维多利亚时代的陈腐思想！我们去维多利亚时代还老远哩。欧洲有了十八、十九世纪的个人主义，造出了无数爱自由过于面包，爱真理过于生命的特立独行之士，方才有今日的文明世界。

现在有人对你们说："牺牲你们个人的自由，去求国家的自由！"我对你们说："争你们个人的自由，便是为国家争自由！争你们自己的人格，便是为国家争人格！自由平等的国家不是一群奴才建造得起来的！"

《〈科学与人生观〉序》一篇略述民国十二年的中国思想界里的一场大论战的背景和内容（我盼望读者能参读《文存三集》中《几个反理学的思想家》的吴敬恒一篇，页一五一——一八六）。在此序的末段，我提出我所谓"自然主义的人生观"（页九二—九五）。这不过是一个轮廓，我希望少年的朋友们不要仅仅接受这个轮廓，我希望他们能把这十条都拿到科学教室和实验室里去细细证实或否证。

这十条的最后一条是：

> 根据于生物学及社会学的知识，叫人知道个人——"小我"——是要死灭的，而人类——"大我"——是不死的，不朽的；叫人知道"为全种万世而生活"就是宗教，就是最高的宗教，而那些替个人谋死后的天堂净土的宗教乃是自私自利的宗教。

这个意思在这里说的太简单了，读者容易起误解。所以我把《不朽》一篇收在后面，专说明这一点。

我不信灵魂不朽之说，也不信天堂地狱之说，故我说这个小我是会死灭的。死灭是一切生物的普遍现象，不足怕，也不足惜。但个人自有他的不死不灭的部分：他的一切作为，一切功德罪恶，一切语言行事，无论大小，无论善恶，无论是非，都在那大我上留下不能磨灭的结果和影响。他吐一口痰在地上，也许可以毁灭一村一族。他起一个念头，也许可以引起几十年的血战。他也许"一言可以兴邦，一言可以丧邦"。善亦不朽，恶亦不朽；功盖万世固然不朽，种一担谷子也可以不朽，喝一杯酒，吐一口痰也可以不朽。古人说：“一出言而不敢忘父母，一举足而不敢忘父母。”我们应该说：“说一句话而不敢忘这句话的社会影响，走一步路而不敢忘这步路的社会影响。”这才是对于大我负责任。能如此做，便是道德，便是宗教。

这样说法，并不是推崇社会而抹煞个人。这正是极力抬高个人的重要。个人虽渺小，而他的一言一动都在社会上留下不朽的痕迹，芳不止流百世，臭也不止遗万年，这不是绝对承认个人的重要吗？成功不必在我，也许在我千百年后，但没有我也决不能成功。毒害不必在眼前，“我躬不阅，遑恤我后！”后而我岂能不负这毒害的责任？今日的世界便是我们的祖宗积的德，造的孽。未来的世界全看我们自己积什么德或造什么孽。世界的关键全在我们手里，真如古人说的“任重而道远”，我们岂可错过这绝好的机会，放下这绝重大的担子？

有人对你说，“人生如梦”。就算是一场梦罢，可是你只有这一个做梦的机会。岂可不振作一番，做一个痛痛快快轰轰烈烈的梦？

有人对你说，“人生如戏”。就说是做戏罢，可是，吴稚晖先生说的好，“这唱的是义务戏，自己要好看才唱的；谁便无端的自己扮作跑龙套，辛苦的出台，止算作没有呢？”

其实人生不是梦，也不是戏，是一件最严重的事实。你种谷子，便有人充饥；你种树，便有人砍柴，便有人乘凉；你拆烂污，便有人遭瘟；你放野火，便有人烧死。你种瓜便得瓜，种豆便得豆，种荊棘便得荊棘。少年的朋友们，你爱种什么？你能种什么？

三

第三组的文字，也只有三篇：

《我们对于西洋近代文明的态度》

《漫游的感想》

《请大家来照照镜子》

在这三篇里，我很不客气的指摘我们的东方文明，很热烈的颂扬西洋的近代文明。

人们常说东方文明是精神的文明，西方文明是物质的文明，或唯物的文明。这是有夸大狂的妄人捏造出来的谣言，用来遮掩我们的羞脸的。其实一切文明都有物质和精神的两部分：材料都是物质的，而运用材料的心思才智都是精神的。木头是物质；而刳木为舟，构木为屋，都靠人的智力，那便是精神的部分。器物越完备复杂，精神的因子越多。一只蒸汽锅炉，一辆摩托车，一部有声电影机器，其中所含的精神因子比我们老祖宗的瓦罐、大车、毛笔多得多了。我们不能坐在舢板船上自夸精神文明，而嘲笑五万吨大汽船是物质文明。

但物质是倔强的东西，你不征服他，他便是征服你。东方人在过去的时代，也曾制造器物，做出一点利用厚生的文明。但后世的懒惰子孙得过且过，不肯用手用脑去和物质抗争，并且编出“不以人易天”的懒人哲学，于是不久便被物质战胜了。天旱了，只会求雨；河决了，只会拜金龙大王；风浪大了，只会祷告观音菩萨或天后娘娘。荒年了，只好逃荒去；瘟疫来了，只好闭门等死；病上身了，只好求神许愿。树砍完了，只好烧茅草；山都精光了，只好对着叹气。这样又愚又懒的民族，不能征服物质，便完全被压死在物质环境之下，成了一分像人九分像鬼的不长进民族。所以我说：

这样受物质环境的拘束与支配，不能跳出来，不能运用人的心思智力来改造环境改良现状的文明，是懒惰不长进的民族的文明，是真正唯物的文明。（页一五四）

反过来看看西洋的文明，

这样充分运用人的聪明智慧来寻求真理以解放人的心灵，来制服天行以供人用，来改造物质的环境，来改革社会政治的制度，来谋人类最大多数的最大幸福——这样的文明是精神的文明。（页一五五）

这是我的东西文化论的大旨。

少年的朋友们，现在有一些妄人要煽动你们的夸大狂，天天要你们相信中国的旧文化比任何国高，中国的旧道德比任何国好。还有一些不曾出国门的愚人鼓起喉咙对你们喊道："往东走！往东走！西方的这一套把戏是行不通的了！"

我要对你们说：不要上他们的当！不要拿耳朵当眼睛！睁开眼睛看看自己，再看看世界。我们如果还想把这个国家整顿起来，如果还希望这个民族在世界上占一个地位——只有一条生路，就是我们自己要认错。我们必须承认我们自己百事不如人，不但物质机械上不如人，不但政治制度不如人，并且道德不如人，知识不如人，文学不如人，音乐不如人，艺术不如人，身体不如人。

肯认错了，方才肯死心塌地的去学人家。不要怕模仿，因为模仿是创造的必要预备工夫。不要怕丧失我们自己的民族文化，因为绝大多数人的惰性已尽够保守那旧文化了，用不着你们少年人去担心。你们的职务在进取，不在保守。

请大家认清我们当前的紧急问题。我们的问题是救国，救这衰病的民族，救这半死的文化。在这件大工作的历程里，无论什么文化，凡可以使我们起死回生，返老还童的，都可以充分采用，都应该充分收受。我们救国建国，正如大匠建屋，只求材料可以应用，不管他来自何方。

四

第四组的文字有六篇：

《建设的文学革命论》

《〈尝试集〉自序》

《文学进化观念》

《国语的进化》

《文学革命运动》

《〈词选〉自序》

这里有一部分是叙述文学革命运动的经过的，有一部分是我自己对于文学的见解。

我在这十几年的中国文学革命运动上，如果有一点点贡献，我的贡献只在：

（1）我指出了“用白话作新文学”的一条路子。（页一九四—二〇三，页二三八—二四〇，页二七七—二八三）

（2）我供给了一种根据于历史事实的中国文学演变论，使人明了国语是古文的进化，使人明了白话文学在中国文学史上占什么地位。（页二四二—二八四，页三〇四—三〇九）

（3）我发起了白话新诗的尝试。（页二一七—二四一）

这些文字都可以表出我的文学革命论也只是进化论和实验主义的一种实际应用。

五

第五组的文字有四篇：

《〈国学季刊〉发刊宣言》

《古史讨论的读后感》

《〈红楼梦〉考证》

《治学的方法与材料》

这都是关于整理国故的文字。

《季刊宣言》是一篇整理国故的方法总论，有三个要点：

第一，用历史的眼光来扩大研究的范围。

第二，用系统的整理来部勒研究的资料。

第三，用比较的研究来帮助材料的整理与解释。

这一篇是一种概论，故未免觉的太悬空一点。以下的两篇便是两个具体的例子，都可以说明历史考证的方法。

《古史讨论》一篇，在我的《文存》里要算是最精彩的方法论。这里面讨论了两个基本方法：一个是用历史演变的眼光来追求传说的演变，一个是用严格的考据方法来评判史料。

顾颉刚先生在他的《古史辨》的自序里曾说他从我的《〈水浒传〉考证》和《井田辨》等文字里得着历史方法的暗示。这个方法便是用历史演化的眼光来追求每一个传说演变的历程。我考证《水浒》的故事，包公的传说。狸猫换太子的故事，井田的制度，都用这个方法。顾先生用这方法来研究中国古史，曾有很好的成绩。顾先生说的最好："我们看史迹的整理还轻而看传说的经历却重。凡是一件史事，应看他最先是怎样，以后逐步逐步的变迁是怎样。"其实对于纸上的古史迹，追求其演变的步骤，便是整理他了。

在这篇文字里，我又略述考证的方法，我说：

> 我们对于"证据"的态度是：一切史料都是证据。但史家要问：
>
> （1）这种证据是在什么地方寻出的？
>
> （2）什么时候寻出的？
>
> （3）什么人寻出的？
>
> （4）依地方和时候上看起来，这个人有做证人的资格吗？
>
> （5）这个人虽有证人资格，而他说这句话时有作伪（无心的，或有意的）的可能吗？（页三四八—三四九）

《〈红楼梦〉考证》诸篇只是考证方法的一个实例。我说：

我觉得我们做《红楼梦》的考证，只能在“著者”和“本子”两个问题上着手；只能运用我们力所能搜集的材料，参考互证，然后抽出一些比较的最近情理的结论。这是考证学的方法。我在这篇文章里，处处想撇开一切先入的成见，处处存一个搜求证据的目的，处处尊重证据，让证据做向导，引我到相当的结论上去。（页四一一——四一二）。

这不过是赫胥黎、杜威的思想方法的实际应用。我的几十万字的小说考证，都只是用一些“深切而著明”的实例来教人怎样思想。

试举曹雪芹的年代一个问题作个实例。民国十年，我收得了一些证据，得着这些结论：

我们可以断定曹雪芹死于乾隆三十年左右（约西历 1765）。……我们可以猜想雪芹大约生于康熙末叶（约 1715—1720），当他死时，约五十岁左右。（页三八三）

民国十一年五月，我得着了《四松堂集》的原本，见敦诚挽曹雪芹的诗题下注“甲申”二字，又诗中有“四十年华”的话，故修正我的结论如下：

曹雪芹死在乾隆二十九年甲申（1764），……他死时只有“四十年华”，我们可以断定他的年纪不能在四十五岁以上。假定他死时年四十五岁，他的生时当康熙五十八年（1719）。（页四二〇）

但到了民国十六年，我又得了脂砚斋评本《石头记》，其中有“壬午除夕，书未成，芹为泪尽而逝”的话。壬午为乾隆二十七年，除夕当西历 1763 年 2 月 12 日，和我七年前的断定（“乾隆三十年左右，约西历 1765”）只差一年多。又假定他活了四十五岁，他的生年大概在康熙五十六年（1717），这也和我七年前的猜测正相符合。（页四三三）

考证两个年代，经过七年的时间，方才得着证实。证实是思想方法的最后又最重要的一步。不曾证实的理论，只可算是假设；证实之后，才是定论，才是真理。我在别处（《文存三集》，页二七三）说过：

我为什么要考证《红楼梦》？

在消极方面，我要教人怀疑王梦阮、徐柳泉一班人的谬说。

在积极方面，我要教人一个思想学问的方法。我要教人疑而后信，考而后信，有充分证据而后信。

我为什么要替《水浒传》作五万字的考证？我为什么要替庐山一个塔作四千字的考证？

我要教人知道学问是平等的，思想是一贯的。……肯疑问“佛陀耶舍究竟到过庐山没有”的人，方才肯疑问“夏禹是神是人。”有了不肯放过一个塔的真伪的思想习惯，方才敢疑上帝的有无。

少年的朋友们，莫把这些小说考证看作我教你们读小说的文字。这些都只是思想学问的方法的一些例子。在这些文字里，我要读者学得一点科学精神，一点科学态度，一点科学方法。科学精神在于寻求事实，寻求真理。科学态度在于撇开成见，搁起感情，只认得事实，只跟着证据走。科学方法只是“大胆的假设，小心的求证”十个字。没有证据，只可悬而不断；证据不够，只可假设，不可武断；必须等到证实之后，方才奉为定论。

少年的朋友们，用这个方法来做学问，可以无大差失，用这种态度来做人处事，可以不至于被人蒙着眼睛牵着鼻子走。

从前禅宗和尚曾说："菩提达摩东来，只要寻一个不受人惑的人。"我这里千言万语，也只是要教人一个不受人惑的方法。被孔丘、朱熹牵着鼻子走，固然不算高明；被马克思、列宁、斯大林牵着鼻子走，也算不得好汉。我自己决不想牵着谁的鼻子走。我只希望尽我的微薄的能力，教我的少年朋友们学一点防身的本领，努力做一个不受人惑的人。

抱着无限的爱和无限的希望，我很诚挚的把这一本小书贡献给全国的少年朋友！

十九，十一，二十七晨二时，将离开江南的前一日

下卷

人生

第一篇　人生观

人生问题

1903 年，我只有十二岁，那年 12 月 17 日，有美国的莱特弟兄作第一次飞机试验，用很简单的机器试验成功，因此美国定 12 月 17 日为飞行节。12 月 17 日正是我的生日，我觉得我同飞行有前世因缘。我在前十多年，曾在广西飞行过十二天，那时我作了一首《飞行小赞》，这算是关于飞行的很早的一首辞。诸位飞过大西洋，太平洋，我在民国三十年，在美国也飞过四万英里，这表示我同诸位不算很隔阂。今天大家要我讲人生问题，这是诸位出的题目，我来交卷。这是很大的问题，让我先下定义，但是定义不是我的，而是思想界老前辈吴稚晖的。他说：人为万物之灵，怎么讲呢？第一，人能够用两只手做东西。第二，人的脑部比一切动物的都大，不但比哺乳动物大，并且比人的老祖宗猿猴的还要大。有这能做东西的两手和比一切动物都大的脑部，所以说人为万物之灵。人生是什么？即是人在戏台上演戏，在唱戏。看戏有各种看法，即对人生的看法叫做人生观。但人生有什么意义呢？怎样算好戏？怎样算坏戏？我常想：人生意义就在我们怎样看人生。意义的大小浅深，全在我们怎样去用两手和脑部。人生很短，上寿不过百年，完全可用手脑做事的时候，不过几十年。有人说，人生是梦，是很短的梦。有人说，人生不过是肥皂泡。其实，就是最悲观的说法，也证实我上面所说人生的有没有意义全看我们对人生的看法。就算他是做梦吧，也要做一个热闹的，轰轰烈烈的好梦，不要做悲观的梦。既然辛辛苦苦的上台，就要好好的唱个好戏，唱个像样子的戏，不要跑龙套。人生不是单独的，人是社会的动物，他能看见和想象他所看不到的东西，他有能看到上至数百万年下至子孙百代的能力。无论是过去，现在，或将来，人都逃不了人与人的关系。比如这一杯茶（讲演桌上放着一杯玻璃杯盛的茶）就包括多少人的供献，这些人虽然看不见，但从种茶，挑选，用自来水，自来水又包括电力等等，这有多少人的供献，这就可以看出社会的意义。我们的一举一动，也都有社会的意义，譬如我随便往地上吐口痰，经太阳晒干，风一吹起，如果我有痨病，风可以把病菌带给几个人到无数人。我今天讲的话，诸位也许有人不注意，也许有人认为没道理，也许说胡适之胡说，是瞎说八道，也许有人因我的话回去看看书，也许竟一生受此影响。一句话，一句格言，都能影响人。我举一个极端的例子，两千五百年前，离尼泊尔不远地方，路上有一个乞丐死了，尸首正在腐烂。这时走来一位年轻的少爷叫Gotama，后来就是释迦牟尼佛，这位少爷是生长于深宫中不知穷苦的，他一看到尸首，问这是什么？人说这是死。他说：噢！原来死是这样子，我们都不能不死吗？这位贵族少爷就回去想这问题，后来跑到森林中去想，想了几年，出来宣传他的学说，就是所谓佛学。这尸身腐烂一件事，就有这么大的影响。飞机在莱特兄弟做试验时，是极简单的东西，经四十年的工夫，多少人聪明才智，才发展到今天。我们一举一动，一言一行，一点行为都可以有永远不能磨灭的影响。几年来的战争，都是由希特勒的一本《我的奋斗》闯的祸，这一本书害了多少人？反过来说，一句好话，也可以影响无数人，我讲一个故事：民国元年，有一个英国人到我们学堂讲话，讲的内容很荒谬，但他的O字的发音，同普通人不一样，是尖声的，这也影响到我的O字发音，许多我的学生又受到我的影响。在四十年前，有一天我到一外国人家去，出来时鞋带掉了，那外国人提醒了我，并告诉我系鞋带时，把结头底下转一弯就不会掉了，我记住了这句话，并又告诉许多人，如今这外国人是死了，但他这句话已发生不可磨灭的影响。总而言之，从顶小的事情到顶大的像政治经济宗教等等，我们的一举一动都有不可磨灭的影响，尽管看不见，影响还是有。在孔夫子小时，有一位鲁国人说：人生有三不朽，即立德，立功，立言。立德就是最伟大的人格，像耶稣孔子等。立功就是对社会有供献。立言包括思想和文学，最伟大的思想和文学都是不朽的。但我们不要把这句话看得贵族化，要看得平民化，比如皮鞋打结不散，吐痰，O 的发音，都是不朽的。就是说：不但好的东西不朽，坏的东西也不朽，善不朽，恶亦不朽。一句好话可以影响无数人，一句坏话可以害死无数人。这就给我们一个人生标准，消极的我们不要害人，要懂得自己行为。积极的要使这社会增加一点好处，总要叫人家得我一点好处。再回来说，人生就算是做梦，也要做一个像样子的梦。宋朝的政治家王安石有一首诗，题目是《梦》。说："知世如梦无所求，无所求心普定寂，还似梦中随梦境，成就河沙梦功德。"不要丢掉这梦，要好好去做！即算是唱戏，也要好好去唱。

人生有何意义

一　答某君书

……我细读来书，终觉得你不免作茧自缚。你自己去寻出一个本不成问题的问题，"人生有何意义？"其实这个问题是容易解答的。人生的意义全是各人自己寻出来、造出来的：高尚、卑劣、清贵、汙浊、有用、无用……全靠自己的作为。生命本身不过是一件生物学的事实，有什么意义可说？生一个人与一只猫，一只狗，有什么分别？人生的意义不在于何以有生，而在于自己怎样生活。你若情愿把这六尺之躯葬送在白昼做梦之上，那就是你这一生的意义。你若发愤振作起来，决心去寻求生命的意义，去创造自己的生命的意义，那么，你活一日便有一日的意义，作一事便添一事的意义，生命无穷，生命的意义也无穷了。

总之，生命本没有意义，你要能给他什么意义，他就有什么意义。与其终日冥想人生有何意义，不如试用此生作点有意义的事。……

十七，一，廿七

二　为人写扇子的话

知世如梦无所求，无所求心普空寂。
还似梦中随梦境，成就河沙梦功德。

王荆公小诗一首，真是有得于佛法的话。认得人生如梦，故无所求。但无所求不是无为。人生固然不过一梦，但一生只有这一场做梦的机会，岂可不努力做一个轰轰烈烈像个样子的梦？岂可糊糊涂涂懵懵懂懂混过这几十年吗?

十八，五，十三

科学与人生观（序）

亚东图书馆主人汪孟邹先生近来把散见国内各种杂志上的讨论科

学与人生观的文章搜集印行，总名为《科学与人生观》。我从烟霞洞回到上海时，这部书已印了一大半了。孟邹要我做一篇序。我觉得，在这回空前的思想界大笔战的战场上，我要算一个逃兵了。我在本年三四月间，因为病体未复原，曾想把《努力周报》停刊；当时丁在君先生极不赞成停刊之议，他自己做了几篇长文，使我好往南方休息一会。我看了他的《玄学与科学》，心里很高兴，曾对他说，假使《努力》以后向这个新方向去谋发展——假使我们以后为科学作战——《努力》便有了新生命，我们也有了新兴趣，我从南方回来，一定也要加入战斗的。然而我来南方以后，一病就费去了六个多月的时间，在病中我只做了一篇很不庄重的《孙行者与张君劢》，此外竟不曾加入一拳一脚，岂不成了一个逃兵了？我如何敢以逃兵的资格来议论战场上各位武士的成绩呢？

但我下山以后，得遍读这次论战的各方面的文章，究竟忍不住心痒手痒，究竟不能不说几句话。一来呢，因为论战的材料太多，看这部大书的人不免有“目迷五色”的感觉，多作一篇综合的序论也许可以帮助读者对于论点的了解。二来呢，有几个重要的争点，或者不曾充分发挥，或者被埋没在这二十五万字的大海里，不容易引起读者的注意，似乎都有特别点出的需要。因此，我就大胆地作这篇序了。

一

这三十年来，有一个名词在国内几乎做到了无上尊严的地位；无论懂与不懂的人，无论守旧和维新的人，都不敢公然对他表示轻视或戏侮的态度。那个名词就是“科学”。这样几乎全国一致的崇信，究竟有无价值，那是另一问题。我们至少可以说，自从中国讲变法维新以来，没有一个自命为新人物的人敢公然毁谤“科学”的，直到民国八九年间梁任公先生发表他的《欧游心影录》，科学方才在中国文字里正式受了“破产”的宣告。梁先生说：

要而言之，近代人因科学发达，生出工业革命，外部生活变迁急剧，内部生活随而动摇，这是很容易看得出的。……依着科学家的新心理学，所谓人类心灵这件东西，就不过物质运动现象之一种。……这些唯物派的哲学家，托庇科学宇下建立一种纯物质的纯机械的人生观。把一切内部生活外部生活都归到物质运动的“必然法则”之下。……不唯如此，他们把心理和精神看成一物，根据实验心理学，硬说人类精神也不过一种物质，一样受“必然法则”所支配。于是人类的自由意志不得不否认了。意志既不能自由，还有什么善恶的责任？……现今思想界最大的危机就在这一点。宗教和旧哲学既已被科学打得个旗靡帜乱，这位“科学先生”便自当仁不让起来，要凭他的试验发明个宇宙新大原理。却是那大原理且不消说，敢是各科的小原理也是日新月异，今日认为真理，明日已成谬见。新权威到底树立不来，旧权威却是不可恢复了。所以全社会人心，都陷入怀疑沉闷畏惧之中，好像失了罗针的海船遇着风雾，不知前途怎生是好。既然如此，所以那些什么乐利主义强权主义越发得势。死后既没有天堂，只好尽这几十年尽情地快活。善恶既没有责任，何妨尽我的手段来充满我个人欲望。然而享用的物质增加速率，总不能和欲望的升腾同一比例，而且没有法子令他均衡。怎么好呢？只有凭自己的力量自由竞争起来，质而言之，就是弱肉强食。近年来什么军阀，什么财阀，都是从这条路产生出来。这回大战争，便是一个报应。……总之，在这种人生观底下，那么千千万万人前脚接后脚的来这世界走一趟住几十年，干什么呢？独一无二的目的就是抢面包吃。不然就是怕那宇宙间物质运动的大轮子缺了发动力，特自来供给他燃料。果真这样，人生还有一毫意味，人类还有一毫价值吗？无奈当科学全盛时代，那主要的思潮，却是偏在这方面，当时讴歌科学万能的人，满望着科学成功，黄金世界便指日出现。如今功总算成了，一百年物质的进步，比从前三千年所得还加几倍。我们人类不唯没有得着幸福，倒反带来许多灾难。好像沙漠中失路的旅人，远远望见个大黑影，拼命往前赶，以为可以靠他向导，哪知赶上几程，影子却不见了，因此无限凄惶失望。影子是谁，就是这位“科学先生”。欧洲人做了一场科学万能的大梦，到如今却叫起科学破产来。（《梁任公近著》第一辑上卷，页一九—二三）

梁先生在这段文章里很动感情地指出科学家的人生观的流毒：他很明显地控告那“纯物质的纯机械的人生观”把欧洲全社会“都陷入怀疑沉闷畏惧之中”，养成“弱肉强食”的现状——“这回大战争，便是一个报应”。他很明白地控告这种科学家的人生观造成“抢面包吃”的社会，使人生没有一毫意味，使人类没有一毫价值，没有给人类带来幸福，“倒反带来许多灾难”，叫人类“无限凄惶失望”。梁先生要说的是欧洲“科学破产”的喊声，而他举出的却是科学家的人生观的罪状；梁先生摭拾了一些玄学家诬蔑科学人生观的话头，却便加上了“科学破产”的恶名。

梁先生后来在这一段之后，加上两行自注道：

读者切勿误会，因此菲薄科学，我绝不承认科学破产，不过也不承认科学万能罢了。

然而谣言这件东西，就同野火一样，是易放而难收的。自从《欧游心影录》发表之后，科学在中国的尊严就远不如前了。一般不曾出国门的老先生很高兴地喊着，“欧洲科学破产了！梁任公这样说的。”我们不能说梁先生的话和近年同善社、悟善社的风行有什么直接的关系；但我们不能不说梁先生的话在国内确曾替反科学的势力助长不少的威风。梁先生的声望，梁先生那枝“笔锋常带情感”的健笔，都能使他的读者容易感受他的言论的影响。何况国中还有张君劢先生一流人，打着柏格森、倭铿、欧立克……的旗号，继续起来替梁先生推波助澜呢？

我们要知道，欧洲的科学已到了根深蒂固的地位，不怕玄学鬼来攻击了。几个反动的哲学家，平素饱餍了科学的滋味，偶尔对科学发几句牢骚话，就像富贵人家吃厌了鱼肉，常想尝尝咸菜豆腐的风味；这种反动并没有什么大危险。那光焰万丈的科学，决不是这几个玄学鬼摇撼得动的。一到中国，便不同了。中国此时还不曾享着科学的赐福，更谈不到科学带来的“灾难”。我们试睁开眼看看：这遍地的乩坛道院，这遍地的仙方鬼照相，这样不发达的交通，这样不发达的实业——我们那里配排斥科学？至于“人生观”，我们只有做官发财的人生观，只有靠天吃饭的人生观，只有求神问卜的人生观，只有《安士全书》的人生观，只有《太上感应篇》的人生观——中国人的人生观还不曾和科学行见面礼呢！我们当这个时候，正苦科学的提倡不够，正苦科学的教育不发达，正苦科学的势力还不能扫除那迷漫全国的乌烟瘴气——不料还有名流学者出来高唱“欧洲科学破产”的喊声，出来把欧洲文化破产的罪名归到科学身上，出来菲薄科学，历数科学家的人生观的罪状，不要科学在人生观上发生影响！信仰科学的人看了这种现状，能不发愁吗？能不大声疾呼出来替科学辩护吗？

这便是这一次“科学与人生观”的大论战所以发生的动机。明白了这个动机，我们方才可以明白这次大论战在中国思想史上占的地位。

二

张君劢的《人生观》原文的大旨是：

人生观之特点所在，曰主观的，曰直觉的，曰综合的，曰自由意志的，曰单一性的。惟其有此五点，故科学无论如何发达，而人生观问题之解决，决非科学所能为力，惟赖诸人类之自身而已。

君劢叙述那五个特点时，处处排斥科学，处处用一种不可捉摸的语言——“是非各执，绝不能施以一种试验”“无所谓定义，无所谓方法，皆其身良心之所命起而主张之”“若强为分析，则必失其真义”“皆出于良心之自动，而决非有使之然者”。这样一个大论战，却用一篇处处不可捉摸的论文作起点，这是一件大不幸的事。因为原文处处不可捉摸，故驳论与反驳都容易跳出本题。战线延长之后，战争的本意反不很明白了。（我常想，假如当日我们用了梁任公先生的“科学万能之梦”一篇作讨论的基础，我们定可以使这次论争的旗帜格外鲜明——至少可以免去许多无谓的纷争。）我们为读者计，不能不把这回论战的主要问题重说一遍。

君劢的要点是“人生观问题之解决，决非科学所能为力。”我们要答复他，似乎应该先说明科学应用到人生观问题上去，曾产生什么样子的人生观；这就是说，我们应该先叙述“科学的人生观”是什么，然后讨论这种人生观是否可以成立，是否可以解决人生观的问题，是否像梁先生说的那样贻祸欧洲，流毒人类。我总观这二十五万字的讨论，终觉得这一次为科学作战的人——除了吴稚晖先生——都有一个共同的错误，就是不曾具体地说明科学的人生观是什么，却去抽象地力争科学可以解决人生观的问题。这个共同错误的原因，约有两种：第一，张君劢的导火线的文章内并不曾像梁任公那样明白指斥科学家的人生观，只是笼统地说科学对于人生观问题不能为力。因此，驳论与反驳论的文章也都走上那“可能与不可能”的笼统讨论上去了。例如丁在君的《玄学与科学》的主要部分只是要证明

凡是心理的内容，真的概念推论，无一不是科学的材料。

然而他却始终没有说出什么是“科学的人生观”。从此以后，许多参战的学者都错在这一点上。如张君劢《再论人生观与科学》只主张

“人生观超于科学以上”“科学决不能支配人生”。

如梁任公的《人生观与科学》只说

人生关涉理智方面的事项，绝对要用科学方法来解决；关于情感方面的事项，绝对的超科学。

如林宰平的《读丁在君先生的〈玄学与科学〉》只是一面承认“科学的方法有益于人生观”，一面又反对科学包办或管理“这个最古怪的东西”——人类。如丁在君《答张君劢》也只是说明

这种（科学）方法，无论用在知识界的那一部分，都有相当的成绩，所以我们对于知识的信用，比对于没有方法的情感要好；凡有情感的冲动都要想用知识来指导他，使他发展的程度提高，发展的方向得当。

如唐擘黄《心理现象与因果律》只证明

一切心理现象都是有因的。

他的《一个痴人的说梦》只证明

关于情感的事项，要就我们的知识所及，尽量用科学方法来解决的。

王抚五的《科学与人生观》也只是说：

科学是凭借“因果”和“齐一”两个原理而构造起来的；人生问题无论为生命之观念，或生活之态度，都不能逃出这两个原理的金刚圈，所以科学可以解决人生问题。

直到最后范寿康的《评所谓科学与玄学之争》，也只是说：

伦理规范——人生观——一部分是先天的，一部分是后天的。先天的形式是由主观的直觉而得，决不是科学所能干涉。后天的内容应由科学的方法探讨而定，决不是主观所应妄定。

综观以上各位的讨论，人人都在那里笼统地讨论科学能不能解决人生问题或人生观问题。几乎没有一个人明白指出，假使我们把科学适用到人生观上去，应该产生什么样子的人生观。然而这个共同的错误大都是因为君劢的原文不曾明白攻击科学家的人生观，却只悬空武断科学决不能解决人生观问题。殊不知，我们若不先明白科学应用到人生观上去时发生的结果，我们如何能悬空评判科学能不能解决人生观呢？

这个共同的错误——大家规避“科学的人生观是什么”的问题——怕还有第二个原因，就是一班拥护科学的人虽然抽象地承认科学可以解决人生问题，却终不愿公然承认那具体的“纯物质，纯机械的人生观”为科学的人生观。我说他们“不愿”，并不是说他们怯懦不敢，只是说他们对于那科学家的人生观还不能像吴稚晖先生那样明显坚决的信仰，所以还不能公然出来主张。这一点确是这一次大论争的一个绝大的弱点。若没有吴老先生把他的“漆黑一团”的宇宙观和“人欲横流”的人生观提出来做个压阵大将，这一场大战争真成了一场混战，只闹得个一哄散场！

关于这一点，陈独秀先生的序里也有一段话，对于作战的先锋大将丁在君先生表示不满意。独秀说：

> 他（丁先生）自号存疑的唯心论，这是沿袭赫胥黎、斯宾塞诸人的谬误；你既承认宇宙间有不可知的部分而存疑，科学家站开，且让玄学家来解疑。此所以张君劢说，“既已存疑，则研究形而上界之玄学，不应有丑诋之词”。其实我们对于未发现的物质固然可以存疑，而对于超物质而独立存在并且可以支配物质的什么心（心即是物之一种表现），什么神灵与上帝，我们已无疑可存了。说我们武断也好，说我们专制也好，若无证据给我们看，我们断然不能抛弃我们的信仰。

关于存疑主义的积极的精神，在君自己也曾有明白的声明（《答张君劢》，页二一一二三）。“拿证据来！”一句话确然是有积极精神的。但赫胥黎等在当用这种武器时，究竟还只是消极的防御居多。在十九世纪的英国，在那宗教的权威不曾打破的时代，明明是无神论者也不得不挂一个“存疑”的招牌。但在今日的中国，在宗教信仰向来比较自由的中国，我们如果深信现有的科学证据只能叫我们否认上帝的存在和灵魂的不灭，那么，我们正不妨老实自居为“无神论者”。这样的自称并不算是武断；因为我们的信仰是根据于证据的：等到有神论的证据充足时，我们再改信有神论，也还不迟。我们在这个时候，既不能相信那没有充分证据的有神论，心灵不灭论，天人感应论，……又不肯积极地主张那自然主义的宇宙观，唯物的人生观，……怪不得独秀要说“科学家站开！且让玄学家来解疑”了。吴稚晖先生便不然。他老先生宁可冒“玄学鬼”的恶名，偏要冲到那“不可知的区域”里去打一阵，他希望“那不可知区域里的假设，责成玄学鬼也带着论理色彩去假设着”（《宇宙观及人生观》，页九）。这个态度是对的。我们信仰科学的人，正不妨做一番大规模的假设。只要我们的假设处处建筑在已知的事实之上，只要我们认我们的建筑不过是一种最满意的假设，可以跟着新证据修正的——我们带着这种科学的态度，不妨冲进那不可知的区域里，正如姜子牙展开了杏黄旗，也不妨冲进十绝阵里去试试。

三

我在上文说的，并不是有意挑剔这一次论战场上的各位武士。我的意思只是要说，这一篇论战的文章只做了一个“破题”，还不曾做到“起讲”。至于“余兴”与“尾声”，更谈不到了。破题的功夫，自然是很重要的。丁在君先生的发难，唐擘黄先生等的响应，六个月的时间，二十五万字的皇皇大文，大吹大擂地把这个大问题捧了出来，叫乌烟瘴气的中国知道这个大问题的重要——这件功劳真不在小处！

可是现在真有做“起讲”的必要了。吴稚晖先生的“一个新信仰的宇宙观及人生观”已给我们做下一个好榜样。在这篇《科学与人生观》的“起讲”里，我们应该积极地提出什么叫做“科学的人生观”，应该提出我们所谓“科学的人生观”，好教将来的讨论有个具体的争点。否则你单说科学能解决人生观，他单说不能，势必至于吴稚晖先生说的“张丁之战，便延长了一百年，也不会得到究竟”。因为若不先有一种具体的科学人生观作讨论的底子，今日泛泛地承认科学有解决人生观的可能，是没有用的。等到那“科学的人生观”的具体内容拿出来时，战线上的组合也许要起一个大大的变化。我的朋友朱经农先生是信仰科学“前程不可限量”的，然而他定不能承认无神论是科学的人生观。我的朋友林宰平先生是反对科学包办人生观的，然而我想他一定可以很明白地否认上帝的存在。到了那个具体讨论的时期，我们才可以说是真正开战。那时的反对，才是真反对。那时的赞成，才是真赞成。那时的胜利，才是真胜利。

我还要再进一步说：拥护科学的先生们，你们虽要想规避那“科学的人生观是什么”的讨论，你们终于免不了的。因为他们早已正式对科学的人生观宣战了。梁任公先生的“科学万能之梦”，早已明白攻击那“纯物质的，纯机械的人生观”了。他早已把欧洲大战祸的责任加到那“科学家的新心理学”上去了。张君劢先生在《再论人生观与科学》里，也很笼统地攻击“机械主义”了。他早已说“关于人生之解释与内心之修养，当然以唯心派之言为长”了。科学家究竟何去何从？这时候正是科学家表明态度的时候了。

因此，我们十分诚恳地对吴稚晖先生表示敬意，因为他老先生在这个时候很大胆地把他信仰的宇宙观和人生观提出来，很老实地宣布他的“漆黑一团”的宇宙观和“人欲横流”的人生观。他在那篇大文章里，很明白地宣言

那种骇得煞人的显赫的名词，上帝呀，神呀，还是取消了好。（页十二）

很明白地

开除了上帝的名额，放逐了精神元素的灵魂。（页二九）

很大胆地宣言：

我以为动植物且本无感觉，皆止有其质力交推，有其辐射反应，如是而已。譬之于人，其质构而为如是之神经系，即其力生如是之反应。所谓情感，思想，意志等等，就种种反应而强为之名，美其名曰心理，神其事曰灵魂，质直言之曰感觉，其实统不过质力之相应。（页二二—二三）

他在《人生观》里，很“恭敬地又好像滑稽地”说：

人便是外面只剩两只脚，却得到了两只手，内面有三斤二两脑髓，五千零四十八根脑筋，比较占有多额神经系质的动物。（页三九）

生者，演之谓也，如是云尔。（页四十）

所谓人生，便是用手用脑的一种动物，轮到“宇宙大剧场”的第亿垓八京六兆五万七千幕，正在那里出台演唱。（页四七）

他老先生五年的思想和讨论的结果，给我们这样一个“新信仰的宇宙观及人生观”。他老先生很谦逊地避去“科学的”的尊号，只叫他做“柴积上，日黄中的老头儿”的新信仰。他这个新信仰正是张君劢先生所谓“机械主义”，正是梁任公先生所谓“纯物质的纯机械的人生观”。他一笔勾销了上帝，抹煞了灵魂，戳穿了“人为万物之灵”的玄秘。这才是真正的挑战。我们要看那些信仰上帝的人们出来替上帝向吴老先生作战。我们要看那些信仰灵魂的人们出来替灵魂向吴老先生作战。我们要看那些信仰人生的神秘的人们出来向这“两手动物演戏”的人生观作战。我们要看那些认爱情为玄秘的人们出来向这“全是生理作用，并无丝毫微妙”的爱情观作战。这样的讨论，才是切题的，具体的讨论。这才是真正开火。这样战争的结果，不是科学能不能解决人生的问题了，乃是上帝的有无，鬼神的有无，灵魂的有无等等人生切要问题的解答。

只有这种具体的人生切要问题的讨论才可以发生我们所希望的效果——才可以促进思想上的刷新。

反对科学的先生们！你们以后的作战，请向吴稚晖的“新信仰的宇宙观及人生观”作战。

拥护科学的先生们！你们以后的作战，请先研究吴稚晖的“新信仰的宇宙观及人生观”：完全赞成他的，请准备替他辩护，像赫胥黎替达尔文辩护一样；不能完全赞成他的，请提出修正案，像后来的生物学者修正达尔文主义一样。

从此以后，科学与人生观的战线上的压阵老将吴老先生要倒转来做先锋了！

四

说到这里，我可以回到张、丁之战的第一个“回合”了。张君劢说：

天下古今之最不统一者，莫若人生观。（《人生观》页一）

丁在君说：

人生观现在没有统一是一件事，永久不能统一又是一件事，除非你能提出事实理由来证明他是永远不能统一的，我们总有求他统一的义务。（《玄学与科学》页三）

玄学家先存了一个成见，说科学方法不适用于人生观；世界上的玄学家一天没有死完，自然一天人生观不能统一。（页四）

“统一”一个字，后来很引起一些人的抗议。例如林宰平先生就控告丁在君，说他“要把科学来统一一切”，说他“想用科学的武器来包办宇宙”。这种控诉，未免过于张大其词了。在君用的“统一”一个字，不过是沿用君劢文章里的话；他们两位的意思大概都不过是大同小异的一致，罢了。依我个人想起来，人类的人生观总应该有一个最低限度的一致的可能。唐擘黄先生说的最好：

人生观不过是一个人对于世界万物同人类的态度，这种态度是随着一个人的神经构造，经验，知识等而变的。神经构造等就是人生观之因。我举一二例来看。

无因论者以为叔本华（Schopenhauer）哈德门（Hartmann）的人生观是直觉的，其实他们自己并不承认这事。他们都说根据经验阅历而来的。叔本华是引许多经验作证的，哈德门还要说他的哲学是从归纳法得来的。

人生观是因知识而变的。例如，哥白尼太阳居中说，同后来的达尔文的人猿同祖说发明以后，世界人类的人生观起绝大变动；这是无可疑的历史事实。若人生观是直觉的，无因的，何以随自然界的知识而变更呢？

我们因为深信人生观是因知识经验而变换的，所以深信宣传与教育的效果可以使人类的人生观得着一个最低限度的一致。

最重要的问题是：拿什么东西来做人生观的“最低限度的一致”呢？

我的答案是：拿今日科学家平心静气地，破除成见地，公同承认的“科学的人生观”来做人类人生观的最低限度的一致。

宗教的功效已曾使有神论和灵魂不灭论统一欧洲（其实何止欧洲？）的人生观至千余年之久。假使我们信仰的“科学的人生观”将来靠教育与宣传的功效，也能有“有神论”和“灵魂不灭论”在中世欧洲那样的风行，那样的普遍，那也可算是我所谓“大同小异的一致”了。

我们若要希望人类的人生观逐渐做到大同小异的一致，我们应该准备替这个新人生观作长期的奋斗。我们所谓“奋斗”，并不是像林宰平先生形容的“摩哈默得式”的武力统一；只是用光明磊落的态度，诚恳的言论，宣传我们的“新信仰”，继续不断的宣传，要使今日少数人的信仰逐渐变成将来大多数人的信仰。我们也可以说这是“作战”，因为新信仰总免不了和旧信仰冲突的事；但我们总希望作战的人都能尊重对方的人格，都能承认那些和我们信仰不同的人不一定都是笨人与坏人，都能在作战之中保持一种“容忍”

（Toleration）的态度；我们总希望那些反对我们的新信仰的人，也能用“容忍”的态度来对我们，用研究的态度来考察我们的信仰。我们要认清：我们的真正敌人不是对方；我们的真正敌人是“成见”，是“不思想”。我们向旧思想和旧信仰作战，其实只是很诚恳地请求旧思想和旧信仰势力之下的朋友们起来向“成见”和“不思想”作战。凡是肯用思想来考察他的成见的人，都是我们的同盟！

五

总而言之，我们以后的作战计划是宣传我们的新信仰，是宣传我们信仰的新人生观（我所谓“人生观”，依唐擘黄先生的界说，包括吴稚晖先生所谓“宇宙观”）。这个新人生观的大旨，吴稚晖先生已宣布过了。我们总括他的大意，加上一点扩充和补充，在这里再提出这个新人生观的轮廓：

（1）根据于天文学和物理学的知识，叫人知道空间的无穷之大。

（2）根据于地质学及古生物学的知识，叫人知道时间的无穷之长。

（3）根据于一切科学，叫人知道宇宙及其中万物的运行变迁皆是自然的——自己如此的——正用不着什么超自然的主宰或造物者。

（4）根据于生物的科学的知识，叫人知道生物界的生存竞争的浪费与残酷——因此，叫人更可以明白那“有好生之德”的主宰的假设是不能成立的。

（5）根据于生物学，生理学，心理学的知识，叫人知道人不过是动物的一种，他和别种动物只有程度的差异，并无种类的区别。

（6）根据于生物的科学及人类学，人种学，社会学的知识，叫人知道生物及人类社会演进的历史和演进的原因。

（7）根据于生物的及心理的科学，叫人知道一切心理的现象都是有因的。

（8）根据于生物学及社会学的知识，叫人知道道德礼教是变迁的，而变迁的原因都是可以用科学方法寻求出来的。

（9）根据于新的物理化学的知识，叫人知道物质不是死的，是活的；不是静的，是动的。

（10）根据于生物学及社会学的知识，叫人知道个人——“小我”——是要死灭的，而人类——“大我”——是不死的，不朽的；叫人知道“为全种万世而生活”就是宗教，就是最高的宗教；而那些替个人谋死后的“天堂”“净土”的宗教，乃是自私自利的宗教。

这种新人生观是建筑在二三百年的科学常识之上的一个大假设，我们也许可以给他加上“科学的人生观”的尊号。但为避免无谓的争论起见，我主张叫他做“自然主义的人生观”。

在那个自然主义的宇宙里，在那无穷之大的空间里，在那无穷之长的时间里，这个平均高五尺六寸，上寿不过百年的两手动物——人——真是一个藐乎其小的微生物了。在那个自然主义的宇宙里，天行是有常度的，物变是有自然法则的，因果的大法支配着他——人——的一切生活，生存竞争的惨剧鞭策着他的一切行为——这个两手动物的自由真是很有限的了。然而那个自然主义的宇宙里的这个渺小的两手动物却也有他的相当的地位和相当的价值。他用的两手和一个大脑，居然能做出许多器具，想出许多方法，造成一点文化。他不但驯服了许多禽兽，他还能考究宇宙间的自然法则，利用这些法则来驾驭天行，到现在他居然能叫电气给他赶车，以太给他送信了。他的智慧的长进就是他的能力的增加；然而智慧的长进却又使他的胸襟扩大，想象力提高。他也曾拜物拜畜生，也曾怕神怕鬼，但他现在渐渐脱离了这种种幼稚的时期，他现在渐渐明白：空间之大只增加他对于宇宙的美感；时间之长只使他格外明了祖宗创业之艰难；天行之有常只增加他制裁自然界的能力。甚至于因果律的笼罩一切，也并不见得束缚他的自由，因为因果律的作用一方面使他可以由因求果，由果推因，解释过去，预测未来；一方面又使他可以运用他的智慧，创造新因以求新果。甚至于生存竞争的观念也并不见得就使他成为一个冷酷无情的畜生，也许还可以格外增加他对于同类的同情心，格外使他深信互助的重要，格外使他注重人为的努力以减免天然竞争的惨酷与浪费。——总而言之，这个自然主义的人生观里，未尝没有美，未尝没有诗意，未尝没有道德的责任，未尝没有充分运用“创造的智慧”的机会。

我这样粗枝大叶的叙述，定然不能使信仰的读者满意，或使不信仰的读者心服。这个新人生观的满意的叙述与发挥，那正是这本书和这篇序所期望能引起的。

十二，十一，廿九　在上海。

科学的人生观

今天讲的题目，就是“科学的人生观”，研究人是什么东西？在宇宙中占据什么地位？人生究竟有何意味？因为少年人近来觉得很烦闷，自杀、颓废的都有，我比较至少多吃了几斤盐，几担米，所以来计划计划，研究自身人的问题。至于人生观，各人不同，都随环境而改变，不可以一个人的人生观去统理一切；因为公有公理，婆有婆理；我们至少要以科学的立场，去研究它，解决它。

“科学的人生观”有两个意思：第一拿科学做人生观的基础；第二拿科学的态度、精神、方法，做我们生活的态度，生活的方法。

现在先讲第一点，就是人生是什么？人生是啥物事？拿科学的研究结果来讲，我在民国十二年发表了十条，这十条就是武昌有一个主教，称为新的十诫，说我是中华基督教的危险物的。十条内容如下：

一、要知道空间的大

拿天文、物理考察，得着宇宙之大；从前孙行者翻筋斗，一翻翻到南天门，一翻翻到下界，天的观念，何等的小？现在从地球到银河中间的最近的一个星，中间距离，照孙行者一秒钟翻十万八千里的速率计算，恐怕翻一万万年也翻不到，宇宙是何等的大？地球是宇宙间的沧海之一粟，九牛之一毛；我们人类，更是小，真是不成东西的东西！以前看得人的地位太重了，以为是万物之灵，同大地并行，凡是政治不良，就有彗星、地震的征象，这是错的。从前王充很能见得到，说："一个虱子不能改变那裤子里的空气，和那人类不能改变皇天一样。"所以我们眼光要大。

二、时间是无穷的长

从地质学、生物学的研究，晓得时间是无穷的长，以前开口五千年，闭口五千年，以为目空一切；不料世界太阳系的存在，有几万万年的历史，地球也有几万万年，生物至少有几千万年，人类也有二三百万年，所以五千年占很小的地位。明白了时间之长，就可以看见各种进步的演变，不是上帝一刻可以造成的。

三、宇宙间自然的行动

根据了一切科学，知道宇宙、万物都有一定不变的自然行动。"自然自己，也是如此"，就是自己自然如此，各物自己如此的行动，并没有一种背后的指示，或是一个主宰去规范他们。明白了这点，对于月蚀是月亮被天狗所吞的种种迷信，可以打破了。

四、物竞天择的原理

从生物学的智识，可以看到物竞天择的原理。鲫鱼下卵有几百万个，但是变鱼的只有几个；否则就要变成“鱼世界”了！大的吃小的，小的又吃更小的，人类都是如此。从此晓得人生不受安排，是自己如此的行动；否则要安排起来，为什么不安排一个完善的世界呢？

五、人是什么东西

从社会学、生理学、心理学方面去看，人是什么东西？吴稚晖先生说：“人是两手一个大脑的动物，与其他的不同，只在程度上的区别罢了。”人类的手，与鸡、鸭的掌差不多，实是他们的弟兄辈。

六、人类是演进的

根据了人种学来看，人类是演进的；因为要应付环境，所以要慢慢的变；不变不能生存，要灭亡了。所以从下等的动物，慢慢演进到高等的动物，现在还是演进。

七、心理受因果律的支配

根据了心理学、生物学来讲，心理现状是有因果律的。思想、做梦，都受因果律的支配，是心理、生理的现象，和头痛一般；所以人的心理说是超过一切，是不对的。

八、道德、礼教的变迁

照生理学、社会学来讲，人类道德、礼教也变迁的。以前以为脚小是美观，但是现在脚小要装大了。所以道德、礼教的观念，正在改进。以二十年、二百年或二千年以前的标准，来判断二十年、二百年、二千年后的状况，是格格不相入的。

九、各物都有反应

照物理、化学来讲，物质是活的，原子分为电子，是动的。石头倘然加了化学品，就有反应，像人打了一记，就有反动一样。不同的，只在程度不同罢了。

十、人的不朽

根据一切科学智识，人是要死的，物质上的腐败，和猫死狗死一般。但是个人不朽的工作，是功德：在立德，立功，立言。善恶都是不朽。一块痰中，有微生物，这菌能散布到空间，使空气都恶化了；人的言语，也是一样。凡是功业、思想，都能传之无穷；匹夫匹妇，都有其不朽的存在。

我们要看破人世间，时间之伟大，历史的无穷，人是最小的动物，处处都在演进，要去掉那小我的主张，但是那小小的人类，居然现在对于制度、政治各种都有进步。

以前都是拿科学去答复一切，现在要用什么方法去解决人生，就是哪哼生活？各人有各人的方法，但是，至少要有那科学的方法、精神、态度去做。分四点来讲：

一、怀疑

第一点是怀疑。三个弗相信的态度，人生问题就很多。有了怀疑的态度，就不会上当。以前我们幼时的智识，都从阿金、阿狗、阿毛等黄包车夫、娘姨处学来；但是现在自己要反省，问问以前的智识是否靠得住？有此态度，对于什么马克斯，牛克思等主义都不致盲从了。[①]

二、事实

我们要实事求是，现在像贴贴标语，什么打倒田中义一等，都仅务虚名，像豆腐店里生意不好，看看"对我生财"泄闷一样。又像是以前的画符，一画符病就好的思想。贴了打倒帝国主义，帝国主义就真个打倒了么？这不对，我们应做切实的工作，奋力的做去。

三、证据

怀疑以后，相信总要相信，但是相信的条件，就是拿凭据来。有了这一句，论理学诸书，都可以不读。赫胥黎的儿子死了以后，宗教家去劝他信教，但是他很坚决的说，"拿有上帝的证据来！"有了这种态度，就不会上当。

四、真理

朝夕的去求真理，不一定要成功，因为真理无穷，宇宙无穷；我们去寻求，是尽一点责任，希望在总分上，加上万万分之一。胜固是可喜，

①此处意义在于提醒读者有自己的思辨能力，读者应理性判断。

败也不足忧。明知赛跑，只有一个人第一，我们还要跑去，不是为我为私，是为大家。发明不是为发财，是为人类。英国有一个医生，发明了一种治肺的药。但是因为自秘，就被医学会开除了。

所以科学家是为求真理。庄子虽有“吾生也有涯，而知也无涯，以有涯随无涯，殆已”的话头，但是我们还要向上做去，得一分就是一分，一寸就是一寸，可以有亚基米特氏[①]发现浮力时叫“Eureka”的快活。有了这种精神，做人就不会失望。所以人生的意味，全靠你自己的工作；你要它圆就圆，方就方，是有意味；因为真理无穷，趣味无穷，进步快活也无穷尽。

少年中国之精神

前番太炎先生，话里面说现在青年的四种弱点，都是很可使我们反省的。他的意思是要我们少年人：一、不要把事情看得太容易了；二、不要妄想凭借已成的势力；三、不要虚慕文明；四、不要好高骛远。这四条都是消极的忠告。我现在且从积极一方面提出几个观念，和各位同志商酌。

一、少年中国的逻辑

逻辑即是思想、辩论、办事的方法。一般中国人现在最缺乏的就是一种正当的方法。因为方法缺乏，所以有下列的几种现象：（一）灵异鬼怪的迷信，如上海的盛德坛及各地的各种迷信；（二）谩骂无理的议论；（三）用诗云子曰作根据的议论；（四）把西洋古人当作无上真理的议论；还有一种平常人不很注意的怪状，我且称他为“目

①今译为“阿基米德”。

的热”，就是迷信一些空虚的大话，认为高尚的目的；全不问这种观念的意义究竟如何；今天有人说：“我主张统一和平”，大家齐声喝彩，就请他做内阁总理；明天又有人说：“我主张和平统一”，大家又齐声叫好，就举他做大总统；此外还有什么“爱国”哪，“护法”哪，“孔教”哪，“卫道”哪……许多空虚的名词；意义不曾确定，也都有许多人随声附和，认为天经地义，这便是我所说的“目的热”。以上所说各种现象都是缺乏方法的表示。我们既然自认为“少年中国”，不可不有一种新方法；这种新方法，应该是科学的方法；科学方法，不是我在这短促时间里所能详细讨论的，我且略说科学方法的要点：

第一注重事实

科学方法是用事实作起点的，不要问孔子怎么说，柏拉图怎么说，康德怎么说；我们须要先从研究事实下手，凡游历调查统计等事都属于此项。

第二注重假设

单研究事实，算不得科学方法。王阳明对着庭前的竹子做了七天的“格物”工夫，格不出什么道理来，反病倒了，这是笨伯的“格物”方法；科学家最重“假设”（Hypothesis）。观察事物之后，自然有几个假定的意思；我们应该把每一个假设所涵的意义彻底想出，看那意义是否可以解释所观察的事实？是否可以解决所遇的疑难？所以要博学；正是因为博学方才可以有许多假设，学问只是供给我们种种假设的来源。

第三注重证实

许多假设之中，我们挑出一个，认为最合用的假设；但是这个假设是否真正合用？必须实地证明。有时候，证实是很容易的；有时候，必须用“试验”方才可以证实。证实了的假设，方可说是“真”的，方才可用。一切古人今人的主张、东哲西哲的学说，若不曾经过这一层证实的工夫，只可作为待证的假设，不配认作真理。

少年的中国，中国的少年，不可不时时刻刻保存这种科学的方法，实验的态度。

二、少年中国的人生观

现在中国有几种人生观都是“少年中国”的仇敌：第一种是醉生梦死的无意识生活，固然不消说了；第二种是退缩的人生观，如静坐会的人，如坐禅学佛的人，都只是消极的缩头主义。这些人没有生活的胆子，不敢冒险，只求平安，所以变成一班退缩懦夫；第三种是野心的投机主义，这种人虽不退缩，但为完全自己的私利起见，所以他们不惜利用他人，作他们自己的器具，不惜牺牲别人的人格和自己的人格，来满足自己的野心；到了紧要关头，不惜作伪，不惜作恶，不顾社会的公共幸福，以求达他们自己的目的。这三种人生观都是我们该反对的。

少年中国的人生观，依我个人看来，该有下列的几种要素：

第一须有批评的精神

一切习惯、风俗、制度的改良，都起于一点批评的眼光；个人的行为和社会的习俗，都最容易陷入机械的习惯，到了“机械的习惯”的时代，样样事都不知不觉的做去，全不理会何以要这样做，只晓得人家都这样做故我也这样做，这样的个人便成了无意识的两脚机器，这样的社会便成了无生气的守旧社会，我们如果发愿要造成少年的中国，第一步便须有一种批评的精神；批评的精神不是别的，就是随时随地都要问我为什么要这样做？为什么不那样做？

第二须有冒险进取的精神

我们须要认定这个世界是很多危险的，定不太平的，是需要冒险的；世界的缺点很多，是要我们来补救的；世界的痛苦很多，是要我们来减少的；世界的危险很多，是要我们来冒险进取的。俗语说得好：“成人不自在，自在不成人。”我们要做一个人，岂可贪图自在；我们要想造一个“少年的中国”，岂可不冒险；这个世界是给我们活动的大舞台，我们既上了台，便应该老着面皮，拼着头皮，大着胆子，干将起来；那些缩进后台去静坐的人都是懦夫，那些袖着双手只会看戏的人，也都是懦夫；这个世界岂是给我们静坐旁观的吗？那些厌恶这个世界梦想超生别的世界的人，更是懦夫，不用说了。

第三须要有社会协进的观念

上条所说的冒险进取，并不是野心的，自私自利的；我们既认定这个世界是给我们活动的，又须认定人类的生活全是社会的生活，社会是有机的组织，全体影响个人，个人影响全体，社会的活动是互助的，你靠他帮忙，他靠你帮忙，我又靠你同他帮忙，你同他又靠我帮忙；你少说了一句话，我或者不是我现在的样子，我多尽了一分力，你或者也不是你现在这个样子，我和你多尽了一分力，或少做了一点事，社会的全体也许不是现在这个样子，这便是社会协进的观念。有这个观念，我们自然把人人都看作同力合作的伴侣，自然会尊重人人的人格了；有这个观念，我们自然觉得我们的一举一动都和社会有关，自然不肯为社会造恶因，自然要努力为社会种善果，自然不致变成自私自利的野心投机家了。

少年的中国，中国的少年，不可不时时刻刻保存这种批评的、冒险进取的、社会的人生观。

三、少年中国的精神

少年中国的精神并不是别的，就是上文所说的逻辑和人生观；我且说一件故事做我这番谈话的结论：诸君读过英国史的，一定知道英国前世纪有一种宗教革新的运动，历史上称为“牛津运动”（The Oxford Movement），这种运动的几个领袖如客白尔（Keble）、纽曼（Newman）、福鲁德（Froude）诸人，痛恨英国国教的腐败，想大大的改革一番；这个运动未起事之先，这几位领袖做了一些宗教性的诗歌写在一个册子上，纽曼摘了一句荷马的诗题在册子上，那句诗是

“You shall see the difference now that we are back again！”翻译出来即是“如今我们回来了，你们看便不同了！”

少年的中国，中国的少年，我们也该时时刻刻记着这句话：

如今我们回来了，你们看便不同了！

这便是少年中国的精神。

工程师的人生观

今天要赶十点四十分钟的飞机到台东，所以只能很简单地说几句话，很为抱歉。报上说我作学术讲演，这是不敢当。我是来向工学院拜寿的。昨夜我问秦院长希望我送什么礼物。晚上想想，认为最好的礼物，是讲讲工程师的思想史同哲学史。所以我便以此送给各位。

究竟什么算是工程师的哲学呢？什么算是工程师的人生观呢？因为时间很短，我当然不能把这个大的题目讲得满意，只是提出几点意思，给现在的工程师同将来的工程师作个参考。法国从前有一位科学家柏格生（Bergson）说：“人是制器的动物。”过去有许多人说：“人是有效力的动物。”也有许多人说：“人是理智的动物。”而柏格生说：“人是能够制造器具的动物。”这个初造器具的动物，是工程师的老祖宗。什么叫做工程师呢？工程师的作用，在能够找出自然界的利益，强迫自然世界把它的利益一个一个贡献出来；就是改造自然、征服自然、控制自然，以减除人的痛苦，增加人的幸福。这是工程师哲学的简单说法。

大家都承认：学作工程师的，每天在课堂里面上应该上的课，在试验室里面作应该作的试验，也许忽略了最大的目标，或者忽略了真正的基本——工程师的人生观。所以这个题目，是值得我们考虑的。

昨天在工学院教授座谈会中，我说，我到了六十二岁，还不知道我专门学的什么。起初学农；以后弄弄文学，弄弄哲学，弄弄历史；现在搞《水经注》，人家说我改弄地理。也许六十五岁以后、七十岁的时候，说不定要到工学院作学生；只怕工学院的先生们不愿意收一个老学徒，说“老狗教不会新把戏”。今天在工学院作学生不够资格的人，要来谈谈现在的工程师同将来的工程师的人生观，实属狂妄，就是，有点大胆。不过我觉得我这个意思，值得提出来说说。人是能够制造器具的动物，别的动物，也有能够制造东西的，譬如：蜘蛛能够制造网，蜜蜂能够制造蜜糖，珊瑚虫能够制造珊瑚岛。而我们人同这些动物之所以不同，就是蜘蛛制造网的丝，是从肚子里出来的，它肚子里有无穷无尽的丝；蜜蜂采取百花，经一番制造，作成的确比原料高明的蜜糖：这些动物，可算是工程师；但是它的范围，它用的，只是它自己的本能。珊瑚虫能够做成很大的珊瑚岛，也是本能的。人，如果只靠他的本能，讲起来也是有限得很的！人与蜘蛛、蜜蜂、珊瑚虫所以不同，是在他充分运用聪明才智，揭发自然的秘密，来改造自然，征服自然，控制自然。控制自然，为的是什么呢？不是像蜘蛛制网，为的捕虫子来吃；人的控制自然，为的是要减轻人的劳苦，减除人的痛苦，增加人的幸福，使人类的生活格外的丰富，格外有意义。这是“科学与工业的文化”的哲学。我觉得柏格生这个“人”的定义，同我们刚才简单讲的工程师的哲学，工程师的人生观，工程师的目标，是值得我们随时想想，随时考虑的。

这个话同这个目标，不是外国来的东西，可以说是我们老祖宗在几百年，甚至几千年以前，就有了这种理想了。目前有些人提倡读经；我倒很愿意为工程师背几句经书，来说明这个理想。

人如何能控制自然，制造器具呢？人控制自然这个观念，无论东方的圣人贤人，西方的圣人贤人，都是同样有的。我现在提出我们古人的几句话，使大家知道工程师的哲学，并不是完全外来的洋货。我常常喜欢把《易经·系辞》里面几句话翻成外国文给外国人看。这几句话是："见乃谓之象；形乃谓之器；制而用之谓之法；利用出入，民咸用之，谓之神。"看见一个意思，叫做象；把这个意象变成一种东西——形，叫做器；大规模的制造出来，叫做法；老百姓用工程师制造出来的这些器具，都说好呀！好呀！但是不晓得这器具是从一种意象来的，所以看见工程师便叫做神。

希腊神话，说火是从天上偷来的；中国历史上发明火的燧人氏被称为古帝之一——神。火，是一个大发明。发明火的人，是一个大工程师。我刚才所举《易经·系辞》，从一个观念——意象——造成器具，这个意思，是了不得的。人类历史上所谓文化的进步，完全在制造器具的进步。文化的时代，是照工程师的成绩划分的。人类第一发明是火；大体说来，火的发现是文化的开始。下去为石器时代。无论旧石器时代，新石器时代，都是人类用智慧把石头造成器具的时候。再下去为青铜器时代。用铜制造器具，这是工程师最大的贡献。再下去为铁的时代。这是一个大的革命。后来把铁炼成钢。再下去发明蒸汽机，为蒸汽机时代。再下去运用电力，为电力的时代。现在为原子能时代。这都是制器的大进步。每一个大时代，都只是制器的原料与动力的大革命。从发明火以后，石器时代，铜器时代，铁器时代，电力时代，原子能时代；这些文化的阶段，都是依工程师所创造划分的。

这种理想，中国历史上，早就有了的。工学院水工试验室要我写字，我写了两句话。这两句话，是《荀子·天论》篇里面的。《荀子·天论》篇，是中国古代了不得的哲学，也就是西方柏格生征服自然，以为人用的思想。《荀子·天论》篇说："从天而颂之，孰与制天命而用之？大天而思之，孰与物蓄而制裁之？"这个文字，依照清代学者校勘，稍须改动。但意思没有改动。"从天而颂之"，是说服从自然。"从天而颂之，孰与制天命而用之？"两句话联起来说，意思是：跟着自然走而歌颂，不如控制自然来用。"大天而思之"，是问自然是怎样来的。"大天而思之，孰与物蓄而制裁之？"是说：问自然从那里来的，不如把自然看成一种东西，养它、制裁它。把自然控制来用，中国思想史上只有荀子才说得这样彻底。从这两句话，也可以看出中国在两千二三百年前，就有控制天命——古人所谓天命，就是自然——把天命看作一种东西来用的思想。

“穷理致知”四个字，是代表七八百年前——十一世纪到十二世纪——宋朝的思想的。宋代程子、朱子提倡格物——穷理——的哲学。什么叫做“格物”呢？这有七十几种说法。今天我们不去研究这些说法。照程子、朱子的解释，“格物”是“即物而穷其理。……即凡天下之物，莫不因其已知之理而益穷之，以求至乎其极。”这样的格物致知，可以扩大人的智识。程子说，“今天格一物，明天格一物，习而久之，自然贯通。”有人以范围问他；他说，“上自天地之高大，下至一草一木，都要格的。”这个范围，就是科学的范围，工程师的范围。

两千二三百年前，荀子就有“制天命而用之”的思想；七八百年前，程子、朱子就有格物——穷理——的哲学。这是科学的哲学，可算是工程师的哲学。我们老祖宗有这样好的思想、哲学，为什么不能作到科学工业的文化呢？简单一句话，我们不幸得很，二千五百年以前的时候，已经走上了自然主义的哲学一条路了。像《老子》《庄子》，以及更后的《淮南子》，都是代表自然主义思想的。这种自然主义的哲学发达的太早，而自然科学与工业发达的太迟：这是中国思想史的大缺点。

刚才讲的，人是用智慧制造器具的动物。这样，人就要天天同自然界接触，天天动手动脚的，抓住实物，把实物来玩，或者打碎它，煮它，烧它。玩来玩去，就可以发现新的东西，走上科学工业的一条路。比方“豆腐”，就是把豆子磨细，用其他的东西来点，来试验；一次，二次，……经过许多次的试验，结果点成浆，做成功豆腐；做成功豆腐还不够，还要做豆腐干，豆腐乳。豆腐的做成，很显然的，是与自然界接触，动手、动脚，多方试验的结果，不是对自然界看看，想想，或作一首诗恭维自然界就行了的。

顶好一个例子，是格物哲学到了明朝的一个故事。明朝有一位大哲学家王阳明，他说：“照程子、朱子的说法，要做圣人，要‘即物而穷其理’。‘即物穷理’，你们没有试验过，我王阳明试验过了。”有一天，他同一位姓钱的朋友研究格物，并由钱先生动手格竹子，拿一个凳子坐在竹子旁边望，望了三天三夜，格不出来，病了。王阳明说：“你不够做圣人，我来格。”也端把椅子对着竹子望；望了一天一夜，两天两夜，……到了七天七夜，王阳明也格不出来，病了。于是王阳明说：“我们不配作圣人，不能格物。”从这个故事，可以看出传统的不动手动脚，拿天然实物来玩的习惯。今天工学院植物系的学生格竹子，是要把竹子劈开，用显微镜来细细的看，再加上颜色的水，作各种的试验，然后就可以判定竹子在工业上的地位。为什么王阳明格不出来，今天的工程师可以格出来？因王阳明没有动手动脚作器具的习惯，今天的工程师有动手动脚作器具的习惯。荀子“制天命而用之”的哲学，终敌不过老子，庄子“错（措）人而思天”的哲学。故程、朱的格物穷理的思想，终不能应用到自然界的实物上去，至多只能在“读书”上（文史的研究上）发生了一点功效。

今天送给各位工程师哲学的人生观，又约略讲一讲我们老祖宗为什么失败；为什么有了这样好的征服天然的理想，穷理致知的哲学，而没有造成功科学文化，工业文化。我们可以了解我们老祖宗让西方人赶上去了。同时，从西方人后来实现了我们老祖宗的理想，我们亦就可以知道，只要振作，是可以迎头赶上的。我们只要二十年、三十年的努力，就可以同世界上科学工业发达的国家站在一样的地位。

二十年前，中国科学社要我作一个社歌；后来请赵元任先生作了乐谱。今天我把这个东西送给各位工程师。这个社歌，一共三段十二句：

我们不崇拜自然。他是一个刁钻古怪；
我们要捶他，煮他，要叫他听我们的指派。

我们要他给我们推车；我们要他给我们送信。
我们要揭穿他的秘密，好叫他服事我们人。

我们唱天行有常；我们唱致知穷理。
明知道真理无穷，进一寸有一寸的欢喜。

不朽——我的宗教

不朽有种种说法，但是总括看来，只有两种说法是真有区别的。一种是把“不朽”解作灵魂不灭的意思。一种就是《春秋左传》上说的“三不朽”。

（一）神不灭论

宗教家往往说灵魂不灭，死后须受末日的裁判：做好事的享受天国天堂的快乐，做恶事的要受地狱的苦痛。这种说法，几千年来不但受了无数愚夫愚妇的迷信，居然还受了许多学者的信仰。但是古今来也有许多学者对于灵魂是否可离形体而存在的问题，不能不发生疑问。最重要的如南北朝人范缜的《神灭论》说：“形者神之质，神者形之用。……神之于质，犹利之于刀；形之于用，犹刀之于利。……舍利无刀，舍刀无利。未闻刀没而利存，岂容形亡而神在？”宋朝的司马光也说：“形既朽灭，神亦飘散，虽有剉烧舂磨，亦无所施。”但是司马光说的“形既朽灭，神亦飘散”，还不免把形与神看作两件事，不如范缜说的更透彻。范缜说人的神灵即是形体的作用，形体便是神灵的形质。正如刀子是形质，刀子的利钝是作用；有刀子方才有利钝，没有刀子便没有利钝。人有形体方才有作用：这个作用，我们叫做“灵魂”。若没有形体，便没有作用了，便没有灵魂了。范缜这篇《神灭论》出来的时候，惹起了无数人的反对。梁武帝叫了七十几个名士作论驳他，都没有什么真有价值的论议。其中只有沈约的《难神灭论》说：”利若遍施四方，则利体无处复立；利之为用正存一边毫毛处耳。神之与形，举体若合，又安得同乎？若以此譬为尽耶，则不尽；若谓本不尽耶，则不可以为譬也。“这一段是说刀是无机体，人是有机体，故不能彼此相比。这话固然有理，但终不能推翻“神者形之用”的议论。近世唯物派的学者也说人的灵魂并不是什么无形体，独立存在的物事，不过是神经作用的总名；灵魂的种种作用都即是脑部各部分的机能作用；若有某部被损伤，某种作用即时废止；人年幼时脑部不曾完全发达，神灵作用也不能完全，老年人脑部渐渐衰耗，神灵作用也渐渐衰耗。这种议论的大旨，与范缜所说“神者形之用”正相同。但是有许多人总舍不得把灵魂打消了，所以咬住说灵魂另是一种神秘玄妙的物事，并不是神经的作用。这个“神秘玄妙”的物事究竟是什么，他们也说不出来，只觉得总应该有这么一件物事。既是“神秘玄妙”，自然不能用科学试验来证明他，也不能用科学试验来驳倒他。既然如此，我们只好用实验主义（Pragmatism）的方法，看这种学说的实际效果如何，以为评判的标准。依此标准看来，信神不灭论的固然也有好人，信神灭论的也未必全是坏人。即如司马光、范缜、赫胥黎一类的人，说不信灵魂不灭的话，何尝没有高尚的道德？更进一层说，有些人因为迷信天堂，天国，地狱，末日裁判，方才修德行善，这种修行全是自私自利的，也算不得真正道德。总而言之，灵魂灭不灭的问题，于人生行为上实在没有什么重大影响；既没有实际的影响，检直可说是不成问题了。

（二）三不朽说

《左传》说的三种不朽是：（一）立德的不朽，（二）立功的不朽，

（三）立言的不朽。“德”便是个人人格的价值，像墨翟、耶稣一类的人，一生刻意孤行，精诚勇猛，使当时的人敬爱信仰，使千百年后的人想念崇拜。这便是立德的不朽。“功”便是事业，像哥仑布发现美洲，像华盛顿造成美洲共和国，替当时的人开一新天地，替历史开一新纪元，替天下后世的人种下无量幸福的种子。这便是立功的不朽。“言”便是语言著作，像那《诗经》三百篇的许多无名诗人，又像陶潜、杜甫、莎士比亚、易卜生一类的文学家，又像柏拉图、卢梭、弥儿一类的文学家，又像牛顿、达尔文一类的科学家，或是做了几首好诗使千百年后的人欢喜感叹；或是做了几本好戏使当时的人鼓舞感动，使后世的人发愤兴起；或是创出一种新哲学，或是发明了一种新学说，或在当时发生思想的革命，或在后世影响无穷。这便是立言的不朽。总而言之，这种不朽说，不问人死后灵魂能不能存在，只问他的人格，他的事业，他的著作有没有永远存在的价值。即如基督教徒说耶稣是上帝的儿子，他的神灵永永存在，我们正不用驳这种无凭据的神话，只说耶稣的人格，事业和教训都可以不朽，又何必说那些无谓的神话呢？又如孔教会的人每到了孔丘的生日，一定要举行祭孔的典礼，还有些人学那“朝山进香”的法子，要赶到曲阜孔林去对孔丘的神灵表示敬意。其实孔丘的不朽全在他的人格与教训，不在他那“在天之灵”。大总统多行两次丁祭，孔教会多行两次“朝山进香”，就可以使孔丘格外不朽了吗？更进一步说，像那《三百篇》里的诗人，也没有姓名，也没有事实，但是他们都可说是立言的不朽。为什么呢？因为不朽全靠一个人的真价值，并不靠姓名事实的流传，也不靠灵魂的存在。试看古今来的多少大发明家，那发明火的，发明养蚕的，发明缫丝的，发明织布的，发明水车的，发明舂米的水碓的，发明规矩的，发明秤的，……虽然姓名不传，事实湮没，但他们的功业永远存在，他们也就都不朽了。这种不朽比那个人的小小灵魂的存在，可不是更可宝贵，更可羡慕吗？况且那灵魂的有无还在不可知之中，这三种不朽——德，功，言——可是实在的。这三种不朽可不是比那灵魂的不灭更靠得住吗？

以上两种不朽论，依我个人看来，不消说得，那“三不朽说”是比那“神不灭说”好得多了。但是那“三不朽说”还有三层缺点，不可不知。第一，照平常的解说看来，那些真能不朽的人只不过那极少数有道德，有功业，有著述的人。还有那无量平常人难道就没有不朽的希望吗？世界上能有几个墨翟、耶稣，几个哥仑布、华盛顿，几个杜甫、陶潜，几个牛顿、达尔文呢？这岂不成了一种“寡头”的不朽论吗？第二，这种不朽论单从积极一方面着想，但没有消极的裁制。那种灵魂的不朽论既说有天国的快乐，又说有地狱的苦楚，是积极消极两方面都顾着的。如今单说立德可以不朽，不立德又怎样呢？立功可以不朽，有罪恶又怎样呢？第三，这种不朽论所说的“德，功，言”三件，范围都很含糊。究竟怎样的人格方才可算是“德”呢？怎样的事业方才可算是“功”呢？怎样的著作方才可算是“言”呢？我且举一个例。哥仑布发现美洲固然可算得立了不朽之功，但是他船上的水手火头又怎样呢？他那只船的造船工人又怎样呢？他船上用的罗盘器械的制造工人又怎样呢？他所读的书的著作者又怎样呢？……举这一条例，已可见“三不朽”的界限含糊不清了。

因为要补足这三层缺点，所以我想提出第三种不朽论来请大家讨论。我一时想不起别的好名字，姑且称他做“社会的不朽论”。

（三）社会的不朽论

社会的生命，无论是看纵剖面，是看横截面，都像一种有机的组织。从纵剖面看来，社会的历史是不断的；前人影响后人，后人又影响更后人；没有我们的祖宗和那无数的古人，又哪里有今日的我和你？没有今日的我和你，又哪里有将来的后人？没有那无量数的个人，便没有历史，但是没有历史，那无数的个人也决不是那个样子的个人：总而言之，个人造成历史，历史造成个人。从横截面看来，社会的生活是交互影响的：个人造成社会，社会造成个人：社会的生活全靠个人分功合作的生活，但个人的生活，无论如何不同，都脱不了社会的影响；若没有那样这样的社会，决不会有这样那样的我和你；若没有无数的我和你，社会也决不是这个样子。来勃尼慈（Leibnitz）说得好：

这个世界乃是一片大充实（Plenum，为真空 Vacuum 之对），其中一切物质都是接连着的。一个大充实里面有一点变动，全部的物质都要受影响，影响的程度与物体距离的远近成正比例。世界也是如此。每一个人不但直接受他身边亲近的人的影响，并且间接又间接的受距离很远的人的影响。所以世间的交互影响，无论距离远近，都受得着的。所以世界上的人，每人受着全世界一切动作的影响。如果他有周知万物的智慧，他可以在每人的身上看出世间一切施为，无论过去未来都可看得出，在这一个现在里面便有无穷时间空间的影子。（见 *Monadology* 第六十一节）

从这个交互影响的社会观和世界观上面，便生出我所说的“社会的不朽论”来。我这“社会的不朽论”的大旨是：

我这个“小我”不是独立存在的，是和无量数小我有直接或间接的交互关系的；是和社会的全体和世界的全体都有互为影响的关系的；是和社会世界的过去和未来都有因果关系的。种种从前的因，种种现在无数“小我”和无数他种势力所造成的因，都成了我这个“小我”的一部分。我这个“小我”，加上了种种从前的因，又加上了种种现在的因，传递下去，又要造成无数将来的“小我”。这种种过去的“小我”，和种种现在的“小我”，和种种将来无穷的“小我”，一代传一代，一点加一滴；一线相传，连绵不断；一水奔流，滔滔不绝：——这便是一个“大我”。“小我”是会消灭的，“大我”是永远不灭的。

“小我”是有死的，“大我”是永远不死，永远不朽的。“小我”虽然会死，但是每一个“小我”的一切作为，一切功德罪恶，一切语言行事，无论大小，无论是非，无论善恶，一一都永远留存在那个“大我”之中。那个“大我”，便是古往今来一切“小我”的纪功碑，彰善祠，罪状判决书，孝子慈孙百世不能改的恶谥法。这个“大我”是永远不朽的，故一切“小我”的事业，人格，一举一动，一言一笑，一个念头，一场功劳，一桩罪过，也都永远不朽。这便是社会的不朽，“大我”的不朽。

那边“一座低低的土墙，遮着一个弹三弦的人”。那三弦的声浪，在空间起了无数波澜；那被冲动的空气质点，直接间接冲动无数旁的空气质点；这种波澜，由近而远，至于无穷空间；由现在而将来，由此刹那以至于无量刹那，至于无穷时间：——这已是不灭不朽了。那时间，那“低低的土墙”外边来了一位诗人，听见那三弦的声音，忽然起了一个念头；由这一个念头，就成了一首好诗；这首好诗传诵了许多人；人读了这诗，各起种种念头；由这种种念头，更发生无量数的念头，更发生无数的动作，以至于无穷。然而那“低低的土墙”里面那个弹三弦的人又如何知道他所发生的影响呢？

一个生肺病的人在路上偶然吐了一口痰。那口痰被太阳晒干了，化为微尘，被风吹起空中，东西飘散，渐吹渐远，至于无穷时间，至于无穷空间。偶然一部分的病菌被体弱的人呼吸进去，便发生肺病，由他一身传染一家，更由一家传染无数人家。如此辗转传染，至于无穷空间，至于无穷时间。然而那先前吐痰的人的骨头早已腐烂了，他又如何知道他所种的恶果呢？

一千五六百年前有一个人叫做范缜说了几句话道：“神之于形，犹利之于刀；未闻刀没而利存，岂容形亡而神在？”这几句话在当时受了无数人的攻击。到了宋朝有个司马光把这几句话记在他的《资治通鉴》里。一千五六百年之后，有一个十一岁的小孩子——就是我——

看《通鉴》到这几句话，心里受了一大感动，后来便影响了他半生的思想行事。然而那说话的范缜早已死了一千五百年了！

二千六七百年前，在印度地方有一个穷人病死了，没人收尸，尸首暴露在路上，已腐烂了。那边来了一辆车，车上坐着一个王太子，看见了这个腐烂发臭的死人，心中起了一念；由这一念，辗转发生无数念。后来那位王太子把王位也抛了，富贵也抛了，父母妻子也抛了，独自去寻思一个解脱生老病死的方法。后来这位王子便成了一个教主，创了一种哲学的宗教，感化了无数人。他的影响势力至今还在；将来即使他的宗教全灭了，他的影响势力终久还存在，以至于无穷。这可是那腐烂发臭的路毙所曾梦想到的吗？

以上不过是略举几件事，说明上文说的“社会的不朽”“大我的不朽”。这种不朽论，总而言之，只是说个人的一切功德罪恶，一切言语行事，无论大小好坏，一一都留下一些影响在那个“大我”之中，一一都与这永远不朽的“大我”一同永远不朽。

上文我批评那“三不朽论”的三层缺点：（一）只限于极少数的人，（二）没有消极的裁制，（三）所说“功，德，言”的范围太含糊了。如今所说“社会的不朽”，其实只是把那“三不朽论”的范围更推广了。既然不论事业功德的大小，一切都可不朽，那第一第三两层短处都没有了。冠绝古今的道德功业固可以不朽，那极平常的“庸言庸行”，油盐柴米的琐屑，愚夫愚妇的细事，一言一笑的微细，也都永远不朽。那发现美洲的哥仑布固可以不朽，那些和他同行的水手火头，造船的工人，造罗盘器械的工人，供给他粮食衣服银钱的人，他所读的书的著作家，生他的父母，生他父母的父母祖宗，以及生育训练那些工人商人的父母祖宗，以及他以前和同时的社会，……都永远不朽。社会是有机的组织，那英雄伟人可以不朽，那挑水的，烧饭的，甚至于浴堂里替你擦背的，甚至于每天替你家掏粪倒马桶的，也都永远不朽。至于那第二层缺点，也可免去。如今说立德不朽，行恶也不朽；立功不朽，犯罪也不朽；“流芳百世”不朽，“遗臭万年”也不朽；功德盖世固是不朽的善因，吐一口痰也有不朽的恶果。我的朋友李守常先生说得好：“稍一失脚，必致遗留层层罪恶种子于未来无量的人——即未来无量的我——永不能消除，永不能忏悔。”这就是消极的裁制了。

中国儒家的宗教提出一个父母的观念，和一个祖先的观念，来做人生一切行为的裁制力。所以说，“一出言而不敢忘父母，一举足而不敢忘父母。”父母死后，又用丧礼祭礼等等见神见鬼的方法，时刻提醒这种人生行为的裁制力。所以又说，“斋明盛服，以承祭祀，洋洋乎如在其上，如在其左右。”又说，“斋三日，则见其所为斋者；祭之日，入室，僾然必有见乎其位；周还出户，肃然必有闻乎其容声；出户而听，忾然必有闻乎其叹息之声。”这都是“神道设教”，见神见鬼的手段。这种宗教的手段在今日是不中用了。还有那种“默示”的宗教，神权的宗教，崇拜偶像的宗教，在我们心里也不能发生效力，不能裁制我们一生的行为。以我个人看来，这种“社会的不朽”观念很可以做我的宗教了。我的宗教的教旨是：

我这个现在的“小我”，对于那永远不朽的“大我”的无穷过去，须负重大的责任；对于那永远不朽的“大我”的无穷未来，也须负重大的责任。我须要时时想着，我应该如何努力利用现在的“小我”，方才可以不辜负了那“大我”的无穷过去，方才可以不遗害那“大我”的无穷未来？

（跋）

这篇文章的主意是民国七年年底当我的母亲丧事里想到的。那时只写成一部分，到八年二月十九日方才写定付印。后来俞颂华先生在报纸上指出我论社会是有机体一段很有语病，我觉得他的批评很有理，故九年二月间我用英文发表这篇文章时，我就把那一段完全改过了。十年五月，又改定中文原稿，并记作文与修改的缘起于此。

“宁鸣而死，不默而生”

几年前，有人问我，美国开国前期争自由的名言“不自由，毋宁死”[原文是 Patrick Henry 在 1775 年的“给我自由，否则给我死”（Give me liberty, or give me death）]，在中国有没有相似的话。我说，我记得是有的，但一时记不清是谁说的了。

我记得是在王应麟的《困学纪闻》里见过有这样一句话，但这几年我总没有机会去翻查《困学纪闻》。今天偶然买得一部影印元本的《困学纪闻》，昨天检得卷十七有这一条：

范文正《灵乌赋》曰：“宁鸣而死，不默而生。”其言可以立懦。

“宁鸣而死，不默而生”，当时往往专指谏诤的自由，我们现在叫做言论自由。

范仲淹生在西历 989，死在 1052，他死了九百零三年了。他作《灵乌赋》答梅圣俞的《灵乌赋》，大概是在景祐三年 (1036) 他同欧阳修、余靖、尹洙诸人因言事被贬谪的时期。这比亨利柏得烈的“不自由，毋宁死”的话要早七百四十年。这也可以特别记出，作为中国争自由史上的一段佳话。

梅圣俞名尧臣，生在西历 1003，死在 1061。他的集中有《灵乌赋》，原是寄给范仲淹的，大意是劝他的朋友们不要多说话。赋中有这句子：

凤不时而鸣，
乌哑哑兮招唾骂于里闾。
乌兮，事将乖而献忠，

人反谓尔多凶。……
胡不若凤之时鸣，
人不怪兮不惊！……
乌兮，尔可，
吾今语汝，庶或我（原作汝，似误）听。
结尔舌兮钤尔喙，
尔饮啄兮尔自遂，
同翱翔兮八九子，
勿噪啼兮勿睥睨，
往来城头无尔累。

这篇赋的见解、文辞都不高明。（圣俞后来不知因何事很怨恨范文正，又有《灵乌后赋》，说他“憎鸿鹄之不亲，爱燕雀之来附。既不我德，又反我怒。……远己不称，昵己则誉。”集中又有《谕乌诗》，说，“乌时来佐凤，署置且非良，咸用所附己，欲同助翱翔。”此下有一长段丑诋的话，好像也是骂范文正的。这似是圣俞传记里一件疑案；前人似没有注意到。）

范仲淹作《灵乌赋》，有自序说：

梅君圣俞作是赋，曾不我鄙，而寄以为好。因勉而和之，庶几感物之意同归而殊途矣。

因为这篇赋是中国古代哲人争自由的重要文献，所以我多摘抄几句：

灵乌，灵乌
尔之为禽兮何不高飞而远翥？
何为号呼于人兮告吉凶而逢怒！

方将折尔翅而烹尔躯，
徒悔焉而亡路。
彼哑哑兮如愬，
请臆对而忍谕：
我有生兮累阴阳之含育，
我有质兮虑天地之覆露。
长慈母之危巢，
托主人之佳树。……
母之鞠兮孔艰，
主之仁兮则安。
度春风兮既成我以羽翰，
眷高柯兮欲去君而盘桓。
思报之意，厥声或异：
忧于未形，恐于未炽。
知我者谓吉之先，
不知我者谓凶之类。
故告之则反灾于身，
不告之则稔祸于人。
主恩或忘，我怀靡臧。
虽死而告，为凶之防。
亦由桑妖于庭，惧而修德，俾王之兴；
雉怪于鼎，惧而修德，俾王之盛。
天听甚迩，人言曷病！
彼希声之凤皇，
亦见讥于楚狂。
彼不世之麒麟，
亦见伤于鲁人。

凤岂以讥而不灵？

麟岂以伤而不仁？

故割而可卷，孰为神兵？

焚而可变，孰为英琼？

宁鸣而死，不默而生！

胡不学太仓之鼠兮，

何必仁为，丰食而肥？

仓苟竭兮，吾将安归！

又不学荒城之狐兮，

何必义为，深穴而威？

城苟圯兮，吾将畴依！

……

我乌也勤于母兮自天，

爱于主兮自天。

人有言兮是然。

人无言兮是然。

这是九百多年前一个中国政治家争取言论自由的宣言。

赋中“忧于未形，恐于未炽”两句，范公在十年后（1046）在他最后被贬谪之后一年，作《岳阳楼记》，充分发挥成他最有名的一段文字：

嗟夫，予尝求古仁人之心，……不以物喜，不以己悲；居庙堂之高则忧其民，处江湖之远则忧其君。是进亦忧，退亦忧。然则何时而乐耶？其必曰“先天下之忧而忧，后天下之乐而乐”乎？噫！微斯人，吾谁与归？

当前此三年（1043）他同韩琦、富弼同在政府的时期，宋仁宗有手诏，要他们“尽心为国家诸事建明，不得顾忌”。范仲淹有《答手诏条陈十事》，引论里说：

我国家革五代之乱，富有四海，垂八十年。纲纪制度，日削月侵，官壅于下，民困于外，夷狄骄盛，寇盗横炽，不可不更张以救之。

这是他在那所谓“庆历盛世”的警告。那十事之中，有“精贡举”一事，他说：

……国家乃专以辞赋取进士，以墨义取诸科。士皆舍大方而趋小道。虽济济盈庭，求有才有识者，十无一二。况天下危困，乏人如此，将何以救？在乎教以经济之才，庶可以救其不逮。或谓救弊之术无乃后时？臣谓四海尚完，朝谋而夕行，庶乎可济。安得晏然不救、坐俟其乱哉？

这是在中原沦陷之前八十三年提出的警告。这就是范仲淹说的“忧于未形，恐于未炽”；这就是他说的“先天下之忧而忧”。

从中国向来智识分子的最开明的传统看，言论的自由，谏诤的自由，是一种“自天”的责任，所以说，“宁鸣而死，不默而生。”

从国家与政府的立场看，言论的自由可以以鼓励人人肯说，“忧于未形，恐于未炽”的正论危言，来替代小人们天天歌功颂德、鼓吹升平的滥调。

纽约读书笔记

第二篇 观人生

非个人主义的新生活

这个题目是我在山东道上想着的，后来曾在天津学生联合会的学术讲演会讲过一次，又在唐山的学术讲演会讲过一次。唐山的演稿由一位刘赞清君记出，登在1月15日《时事新报》上。我这一篇的大意是对于新村的运动贡献一点批评。这种批评是否合理，我也不敢说。但是我自信这一篇文字是研究考虑的结果，并不是根据于先有的成见的。

九，一，二二

本篇有两层意思。一是表示我不赞成现在一般有志青年所提倡，我所认为"个人主义的"新生活。一是提出我所主张的"非个人主义的"新生活，就是"社会的"新生活。

先说什么叫做"个人主义"（Individualism）。一月二夜（就是我在天津讲演前一晚），杜威博士在天津青年会讲演《真的与假的个人主义》，他说，个人主义有两种：

一、假的个人主义——就是为我主义（Egoism）。他的性质是自私自利：只顾自己的利益，不管群众的利益。

二、真的个人主义——就是个性主义（Individuality）。他的特性有两种：一是独立思想，不肯把别人的耳朵当耳朵，不肯把别人的眼睛当眼睛，不肯把别人的脑力当自己的脑力；二是个人对于自己思想信仰的结果要负完全责任，不怕权威，不怕监禁杀身，只认得真理，不认得个人的利害。

杜威先生极力反对前一种假的个人主义，主张后一种真的个人主义。这是我们都赞成的。但是他反对的那种自私自利的个人主义的害处，是大家都明白的。因为人多明白这种主义的害处，故他的危险究竟不很大。例如东方现在实行这种极端为我主义的“财主督军”，无论他们眼前怎样横行，究竟逃不了公论的怨恨，究竟不会受多数有志青年的崇拜。所以我们可以说这种主义的危险是很有限的。但是我觉得“个人主义”还有第三派，是很受人崇敬的，是格外危险的。这一派是：

三、独善的个人主义——他的共同性质是：不满意于现社会，却又无可如何，只想跳出这个社会去寻一种超出现社会的理想生活。

这个定义含有两部分：（1）承认这个现社会是没有法子挽救的了；（2）要想在现社会之外另寻一种独善的理想生活。自有人类以来，这种个人主义的表现也不知有多少次了。简括说来，共有四种：

1. 宗教家的极乐国

如佛家的净土，犹太人的伊甸园，别种宗教的天堂，天国，都属于这一派。这种理想的原起，都由于对现社会不满意。因为厌恶现社会，故悬想那些无量寿，无量光的净土；不识不知，完全天趣的伊甸园；只有快乐，毫无痛苦的天国。这种极乐国里所没有的，都是他们所厌恨的；所有的，都是他们所梦想而不能得到的。

2. 神仙生活

神仙的生活也是一种悬想的超出现社会的生活。人世有疾病痛苦，神仙无病长生；人世愚昧无知，神仙能知过去未来；人生不自由，神仙乘云遨游，来去自由。

3. 山林隐逸的生活

前两种是完全出世的，他们的理想生活是悬想的，渺茫的，出世生活。山林隐逸的生活虽然不是完全出世的，也是不满意于现社会的表示。他们不满意于当时的社会政治，却又无能为力，只得隐姓埋名，逃出这个恶浊社会去做他们自己理想中的生活。他们不能"得君行道"，故对于功名利禄，表示藐视的态度；他们痛恨富贵的人骄奢淫佚，故说富贵如同天上的浮云，如同脚下的破草鞋。他们痛恨社会上有许多不耕而食，不劳而得的"吃白阶级"，故自己耕田锄地，自食其力。他们厌恶这污浊的社会，故实行他们理想中梅妻鹤子，渔蓑钓艇的洁净生活。

4. 近代的新村生活

近代的新村运动，如十九世纪法国、美国的理想农村，如现在日本日向的新村，照我的见解看起来，实在同山林隐逸的生活是根本相同的。那不同的地方，自然也有。山林隐逸是没有组织的，新村是有组织的：这是一种不同。隐遁的生活是同世事完全隔绝的，故有"不知有汉，遑论魏晋"的理想；现在的新村的人能有赏玩 Rodin 同 Cézanne 的幸福，还能在村外著书出报：这又是一种不同。但是这两种不同都是时代造成的，是偶然的，不是根本的区别。从根本性质上看来，新村的运动都是对于现社会不满意的表示。即如日向的新村，他们对于现在"少数人在多数人的不幸上，筑起自己的幸福"的社会制度，表示不满意，自然是公认的事实。周作人先生说日向新村里有人把中国看作"最自然，最自在的国"（《新潮》二，页七五）。这是他们对于日本政制极不满意的一种牢骚话，很可玩味的。武者小路实笃先生一般人虽然极不满意于现社会，却又不赞成用"暴力"的改革。他们都是"真心仰慕着平和"的人。他们于无可如何之中，想出这个新村的计划来。周作人先生说，"新村的理想，要将历来非暴力不能做到的事，用和平方法得来。"（《新青年》七，二，一三四。）这个和平方法就是离开现社会，去做一种模范的生活。“只要万人真希望这种的世界，这世界便能实现。”（《新青年》同上）这句话不但是独善主义的精义，简直全是净土宗的口气了！所以我把新村来比山林隐逸，不算冤枉他；就是把他来比求净土天国的宗教运动，也不算玷辱他。不过他们的“净土”是在日向，不在西天罢了。

我这篇文章要批评的“个人主义的新生活”，就是指这一种跳出现社会的新村生活。这种生活，我认为“独善的个人主义”的一种。“独善”两个字是从孟轲“穷则独善其身”一句话上来的。有人说：新村的根本主张是要人人“尽了对于人类的义务，却又完全发展自己个性”。如此看来，他们既承认“对于人类的义务”，如何还是独善的个人主义呢？我说：这正是个人主义的证据。试看古往今来主张个人主义的思想家，从希腊的“狗派”（Cynic）以至十八、十九世纪的个人主义，那一个不是一方面崇拜个人，一方面崇拜那广漠的“人类”的？主张个人主义的人，只是否认那些切近的伦谊，——或是家族，或是“社会”，或是国家——但是因为要推翻这些比较狭小逼人的伦谊，不得不捧出那广漠不逼人的“人类”。所以凡是个人主义的思想家，没有一个不承认这个双重关系的。

新村的人主张“完全发展自己个性”，故是一种个人主义。他们要想跳出现社会去发展自己个性，故是一种独善的个人主义。

这种新村的运动，因为恰合现在青年不满意于现社会的心理，故近来中国也有许多人欢迎，赞叹，崇拜。我也是敬仰武者先生一班人的，故也曾仔细考究这个问题。我考究的结果是不赞成这种运动，我以为中国的有志青年不应该仿行这种个人主义的新生活。

这种新村的运动有什么可以反对的地方呢？

第一，因为这种生活是避世的，是避开现社会的。这就是让步。这便不是奋斗。我们自然不应该提倡“暴力”，但是非暴力的奋斗是不可少的。我并不是说武者先生一班人没有奋斗的精神。他们在日本能提倡反对暴力的论调——如《一个青年的梦》——自然是有奋斗精神的。但是他们的新村计划想避开现社会里“奋斗的生活”，去寻那现社会外“生活的奋斗”，这便是一大让步。武者先生的《一个青年的梦》里的主人翁最后有几句话，很可玩味。他说：

……请宽恕我的无力。——宽恕我的话的无力。但我心里所有的对于美丽的国的仰慕，却要请诸君体察的。（《新青年》七，二，一〇二）

我们对于日向的新村应该作如此观察。

第二，在古代，这种独善主义还有存在的理由；在现代，我们就不该崇拜他了。古代的人不知道个人有多大的势力，故孟轲说：“穷则独善其身，达则兼善天下。”古人总想，改良社会是“达”了以后的事业——是得君行道以后的事业；故承认个人——穷的个人——只能做独善的事业，不配做兼善的事业。古人错了。现在我们承认个人有许多事业可做。人人都是一个无冠的帝王，人人都可以做一些改良社会的事。去年的五四运动和六三运动，何尝是“得君行道”的人做出来的？知道个人可以做事，知道有组织的个人更可以做事，便可以知道这种个人主义的独善生活是不值得摹仿的了。

第三，他们所信仰的“泛劳动主义”是很不经济的。他们主张：“一个人生存上必要的衣食住，论理应该用自己的力去得来，不该要别人代负这责任。”这话从消极一方面看——从反对那“游民贵族”的方面看——自然是有理的。但是从他们的积极实行方面看，他们要“人人尽劳动的义务，制造这生活的资料”——就是衣食住的资料——这便是“矫枉过正”了。人人要尽制造衣食住的资料的义务，就是人人要加入这生活的奋斗（周作人先生再三说新村里平和幸福的空气，也许不承认“生活的奋斗”的话；但是我说的，并不是人同人争面包米饭的奋斗，乃是人在自然界谋生存的奋斗；周先生说新村的农作物至今还不够自用，便是一证）。现在文化进步的趋势，是要使人类渐渐减轻生活的奋斗至最低度，使人类能多分一些精力出来，做增加生活意味的事业。新村的生活使人人都要尽“制造衣食住的资料”的义务，根本上否认分功进化的道理，增加生活的奋斗，是很不经济的。

第四，这种独善的个人主义的根本观念就是周先生说的“改造社会，还要从改造个人做起。”我对于这个观念，根本上不能承认。这个观念的根本错误在于把“改造个人”与“改造社会”分作两截；在于把个人看作一个可以提到社会外去改造的东西。要知道个人是社会上种种势力的结果。我们吃的饭，穿的衣服，说的话，呼吸的空气，写的字，有的思想，……没有一件不是社会的。我曾有几句诗，说：“……此身非吾有：一半属父母，一半属朋友。”当时我以为把一半的我归功社会，总算很慷慨了。后来我才知道这点算学做错了！父母给我的真是极少的一部分。其余各种极重要的部分，如思想，信仰，知识，技术，习惯等等，大都是社会给我的。我穿线袜的法子是一个徽州同乡教我的；我穿皮鞋打的结能不散开，是一个美国女朋友教我的。这两件极细碎的例，很可以说明这个“我”是社会上无数势力所造成的。社会上的“良好分子”并不是生成的，也不是个人修炼成的——都是因为造成他们的种种势力里面，良好的势力比不良的势力多些。反过来，不良的势力比良好的势力多，结果便是“恶劣分子”了。古代的社会哲学和政治哲学只为要妄想凭空改造个人，故主张正心，诚意，独善其身的办法。这种办法其实是没有办法，因为没有下手的地方。近代的人生哲学渐渐变了，渐渐打破了这种迷梦，渐渐觉悟：改造社会的下手方法在于改良那些造成社会的种种势力——制度，习惯，思想，教育等等。那些势力改良了，人也改良了。所以我觉得“改造社会要从改造个人做起”还是脱不了旧思想的影响。我们的根本观念是：

个人是社会上无数势力造成的。

改造社会须从改造这些造成社会，造成个人的种种势力做起。

改造社会即是改造个人。

新村的运动如果真是建筑在“改造社会要从改造个人做起”一个观念上，我觉得那是根本错误了。改造个人也是要一点一滴的改造那些造成个人的种种社会势力。不站在这个社会里来做这种一点一滴的社会改造，却跳出这个社会去“完全发展自己个性”，这便是放弃现社会，认为不能改造；这便是独善的个人主义。

以上说的是本篇的第一层意思。现在我且简单说明我所主张的“非个人主义的”新生活是什么。这种生活是一种“社会的新生活”；是站在这个现社会里奋斗的生活；是霸占住这个社会来改造这个社会的新生活。他的根本观念有三条：

一、社会是种种势力造成的，改造社会须要改造社会的种种势力。这种改造一定是零碎的改造——一点一滴的改造，一尺一步的改造。无论你的志愿如何宏大，理想如何彻底，计划如何伟大，你总不能笼统的改造，你总不能不做这种“得寸进寸，得尺进尺”的工夫。所以我说：社会的改造是这种制度那种制度的改造，是这种思想那种思想的改造，是这个家庭那个家庭的改造，是这个学堂那个学堂的改造。

［附注］

有人说：“社会的种种势力是互相牵掣的，互相影响的。这种零碎的改造，是不中用的。因为你才动手改这一种制度，其余的种种势力便围拢来牵掣你了。如此看来，改造还是该做笼统的改造。”我说不然。正因为社会的势力是互相影响牵掣的，故一部分的改造自然会影响到别种势力上去。这种影响是最切实的，最有力的。近年来的文字改革，自然是局部的改革，但是他所影响的别种势力，竟有意想不到的多。这不是一个很明显的例吗？

二、因为要做一点一滴的改造，故有志做改造事业的人必须要时时刻刻存研究的态度，做切实的调查，下精细的考虑，提出大胆的假设，寻出实验的证明。这种新生活是研究的生活，是随时随地解决具体问题的生活。具体的问题多解决了一个，便是社会的改造进了那么多一步。做这种生活的人要睁开眼睛，公开心胸；要手足灵敏，耳目聪明，心思活泼；要欢迎事实，要不怕事实；要爱问题，要不怕问题的逼人！

三、这种生活是要奋斗的。那避世的独善主义是与人无忤，与世无争的，故不必奋斗。这种"淑世"的新生活，到处翻出不中听的事实，到处提出不中听的问题，自然是很讨人厌的，是一定要招起反对的。反对就是兴趣的表示，就是注意的表示。我们对于反对的旧势力，应该作正当的奋斗，不可退缩。我们的方针是：奋斗的结果，要使社会的旧势力不能不让我们；切不可先就偃旗息鼓退出现社会去，把这个社会双手让给旧势力。换句话说，应该使旧社会变成新社会，使旧村变为新村，使旧生活变为新生活。

我且举一个实际的例。英美近二三十年来，有一种运动，叫做"贫民区域居留地"的运动（Social Settlements）。这种运动的大意是：一班青年的男女——大都是大学的毕业生——在本城拣定一块极龌龊，极不堪的贫民区域，买一块地，造一所房屋。这一班人便终日在这里面做事。这屋里，凡是物质文明所赐的生活需要品——电灯，电话，热气，浴室，游水池，钢琴，话匣，等等——无一不有。他们把附近的小孩子——垢面的孩子，顽皮的孩子——都招拢来，教他们游水，教他们读书，教他们打球，教他们演说辩论，组成音乐队，组成演剧团，教他们演戏奏艺。还有女医生和看护妇，天天出去访问贫家，替他们医病，帮他们接生和看护产妇。病重的，由"居留地"的人送入公家医院。因为天下贫民都是最安本分的，他们眼见那高楼大屋的大医院，心里以为这定是为有钱人家造的，决不是替贫民诊病的；所以必须有人打破他们这种见解，教他们知道医院不是专为富贵人家的。还有许多贫家的妇女每日早晨出门做工，家里小孩子无人看管，所以“居留地”的人教他们把小孩子每天寄在“居留地”里，有人替他们洗浴，换洗衣服，喂他们饮食，领他们游戏。到了晚上，他们的母亲回来了，各人把小孩领回去。这种小孩子从小就在洁净慈爱的环境里长大，渐渐养成了良好习惯，回到家中，自然会把从前的种种污秽的环境改了。家中的大人也因时时同这种新生活接触，渐渐的改良了。我在纽约时，曾常常去看亨利街上的一所居留地，是华德女士（Lilian Wald）办的。有一晚我去看那条街上的贫家子弟演戏，演的是贝里（Barry）的名剧。我至今回想起来，他们演戏的程度比我们大学的新戏高得多咧！

这种生活是我所说的“非个人主义的新生活”！是我所说的“变旧社会为新社会，变旧村为新村”的生活！这也不是用“暴力”去得来的！我希望中国的青年要做这一类的新生活，不要去模仿那跳出现社会的独善生活。我们的新村就在我们自己的旧村里！我们所要的新村是要我们自己的旧村变成的新村！

可爱的男女少年！我们的旧村里我们可做的事业多得很咧！村上的鸦片烟灯还有多少？村上的吗啡针害死了多少人？村上缠脚的女子还有多少？村上的学堂成个什么样子？村上的绅士今年卖选票得了多少钱？村上的神庙香火还是怎么兴旺？村上的医生断送了几百条人命？村上的煤矿工人每日只拿到五个铜子，你知道吗？村上多少女工被贫穷逼去卖淫，你知道吗？村上的工厂没有避火的铁梯，昨天火起，烧死了一百多人，你知道吗？村上的童养媳妇被婆婆打断了一条腿，村上的绅士逼他的女儿饿死做烈女，你知道吗？

有志求新生活的男女少年！我们有什么权利，丢开这许多的事业去做那避世的新村生活！我们放着这个恶浊的旧村，有什么面孔，有什么良心，去寻那“和平幸福”的新村生活！

九，一，二六

新生活

那样的生活可以叫做新生活呢？

我想来想去，只有一句话。新生活就是有意思的生活。

你听了，必定要问我，有意思的生活又是什么样子的生活呢？

我且先说一两件实在的事情做个样子，你就明白我的意思了。

前天你没有事做，闲的不耐烦了，你跑到街上一个小酒店里，打了四两白干，喝完了，又要四两，再添上四两。喝的大醉了，同张大哥吵了一回嘴，几乎打起架来。后来李四哥来把你拉开，你气忿忿的又要了四两白干，喝的人事不知，幸亏李四哥把你扶回去睡了。昨儿早上，你酒醒了，大嫂子把前天的事告诉你，你懊悔的很，自己埋怨自己："昨儿为什么要喝那么多酒呢？可不是糊涂吗？"

你赶上张大哥家去，作了许多揖，赔了许多不是，自己怪自己糊涂，请张大哥大量包涵。正说时，李四哥也来了，王三哥也来了。他们三缺一，要你陪他们打牌。你坐下来，打了十二圈牌，输了一百多吊钱。你回得家来，大嫂子怪你不该赌博，你又懊悔的很，自己怪自己道："是呵，我为什么要陪他们打牌呢？可不是糊涂吗？"

诸位，像这样子的生活，叫做糊涂生活，糊涂生活便是没有意思的生活。你做完了这种生活，回头一想，"我为什么要这样干呢？"你自己也回不出究竟为什么。

诸位，凡是自己说不出"为什么这样做"的事，都是没有意思的生活。

反过来说，凡是自己说得出"为什么这样做"的事，都可以说是有意思的生活。

生活的"为什么"，就是生活的意思。

人同畜生的分别，就在这个"为什么"上。你到万牲园里去看那白熊一天到晚摆来摆去不肯歇，那就是没有意思的生活。我们做了人，应该不要学那些畜生的生活。畜生的生活只是糊涂，只是胡混，只是不晓得自己为什么如此做。一个人做的事应该件件事回得出一个“为什么”。

我为什么要干这个？为什么不干那个？回答得出，方才可算是一个人的生活。

我们希望中国人都能做这种有意思的新生活。其实这种新生活并不十分难，只消时时刻刻问自己为什么这样做，为什么不那样做，就可以渐渐的做到我们所说的新生活了。

诸位，千万不要说“为什么”这三个字是很容易的小事。你打今天起，每做一件事，便问一个为什么——为什么不把辫子剪了？为什么不把大姑娘的小脚放了？为什么大嫂子脸上搽那么多的脂粉？为什么出棺材要用那么多叫花子？为什么娶媳妇也要用那么多叫花子？为什么骂人要骂他的爹妈？为什么这个？为什么那个？—— 你试办一两天，你就会晓得这三个字的趣味真是无穷无尽，这三个字的功用也无穷无尽。

诸位，我们恭恭敬敬的请你们来试试这种新生活。

大宇宙中谈博爱

“博爱”就是爱一切人。这题目范围很大。在未讨论以前，让我们先看一个问题：“我们的世界有多大？”

我的答复是“很大！”我从前念《千字文》的时候，一开头便已念到这样的辞句：“天地玄黄，宇宙洪荒。”宇宙是中国的字，和英文的Universe，World意思差不多，都是抽象名词。宇是空间（Space）即东南西北，宙是时间（Time）即古今旦暮。《淮南子》说宇是上下四方，宙是古往今来。宇宙就是天地，宇宙就是Time-Space。古人能得“Universe”的观念实在不易，相当合于今日的科学。但古人所见的空间很小，时间很短，现在的观念已扩大了许多。考古学探讨千万年的事，地质学、古生物学、天文学等等不断的发现，更将时间空间的观念扩大。

现在的看法：空间是无穷的大，时间是无穷的长。

古人只见到八大行星，二十年前只见九大行星。现在所谓的银河，是古代所未能想象得到的。以前觉得太阳很远，现在说起来算不得什么，因为比太阳远千万倍的东西多得很。

科学就这样地答复了“宇宙究竟有多大？”这个问题。

现在谈第二点：博爱。

在这个大世界里谈博爱，真是个大问题。广义的爱，是世界各大宗教的最终目的。墨子可谓中国历史上最了不起的人，可说是宗教创立者（Founder of Religion），他提出“兼爱”为他的理论中心。兼爱就是博爱，是爱无等差的爱。墨子理论和基督教教义有很多相合的地方，如“爱人如己”“爱我们的仇敌”等。

佛教哲学本谓一切无常，我亦无常，“我”是“四大”（土、水、火、风）偶然结合而成的，是十分简单的东西，因此无所谓爱与恨——根本不值得爱，也不值得恨。但早期佛教亦有爱的意念在：我既无常，可牺牲以为人。

和尚爱众生，但是佛教不准自食其力，所以有人称之为“叫花”（乞丐）宗教。自己的饭亦须取之于人，何能博爱？

古时很多人为了“爱”，每次蹲坑（大便）的时候便想，想，大想一番，想到爱人。有些人则以身喂蚊，或以刀割肉，以自身所受的痛苦来显示他们对人的爱。这种爱的方法，只能做到牺牲自己，在现代的眼光看来，是可笑的。这种博爱给人的帮助十分有限，与现代的科学——工程、医学等所能给我们的“博爱”比起来，力量实在小得可怜。今日的科学增进了人类互助博爱的能力。就说最近意大利邮船 Andrea Doria 号遇难的事吧，短短的数小时内就救起千多人。近代交通、医学等的发达，减少了人类无数的痛苦。

我们要谈博爱，一定要换一观念。古时那种喂蚊割肉的博爱，等于开空头支票，毫无价值。现在的科学才能放大我们的眼光，促进我们的同情心，增加我们助人的能力。我们需要一种以科学为基础的博爱——一种实际的博爱。

孔子说："修己以敬，修己以安人，修己以安百姓。"修己就是把自己弄好。我们应当先把自己弄好，然后帮助别人；独善其身然后能兼善天下。同学们，现在我们读书的时候，不要空谈高唱博爱；但应先努力学习，充实自己，到我们有充分能力的时候才谈博爱，仍不算迟。

打破浪漫病

刚才主席说"材料不很重要，重要的在方法"，这话是很对的。有方法与无方法，自然不同。比如说，电灯坏了若有方法就可以把它修理好。材料一样的，然而方法异样的，所得结果便完全不同了。我今天要说的，就是材料很重要，方法不甚重要。用同等的方法，用在两种异样的材料上，所得结果便完全不同了。所以说材料是很要紧的。中国自西历 1600 至 1900 年当中，可谓是中国"科学时期"，亦可说是科学的治学时代。如清朝的戴东原先生在音韵学、校勘学上，都有严整的方法。西洋人不能不承认这三百年是中国"科学时代"。我们自然科学虽没有怎样高明，但方法很好，这是我们可以自己得意的。闽人陈第曾著《毛诗古音考》《唐宋古音考》等些书。他的方法很精密的，是顾炎武的老祖宗。顾亭林、阎百诗等些学者都开中国学术新纪元，他们是用科学方法探究学问的，顾氏是以科学方法研究音韵学，他的方法是用本证与旁证。比如研究《诗经》，从《诗经》本身来举证，是谓本证；若是从《诗经》的外面举证便谓旁证了。阎氏的科学方法是研究古文的真伪，文章的来源。

1609年的哥白尼听说在波兰国的北部一个眼镜店做小伙计，一天偶然叠上几片玻璃而发现在远方的东西，哥白尼以为望远镜是可以做到的。他利用这仪器，他对于天文学上就有很大的发现。像哈代维（Hudvey）、牛顿（Newton），还有显微镜发明者像黎汶豪（Leeuwenhoek），他们都有很大的发明。当哥白尼及诸大学者存在的时候，正是中国的顾炎武、阎百诗出世的时期。在这五六十年当中，东西文化，东西学说的歧异就在这里。他们所谓方法就是“假说”与“求证”，牛顿就是大胆去假定，然后一步一步去证明。这是和我们不同的地方。我们的方法是科学的，然而材料是书本文字。我们的校勘学是校勘古书古字的正确的方法，如翻考《尔雅》、诸子百家；考据学是考据古文的真伪。这一大堆东西可以代表清朝三百年的成绩。黎汶豪是以凿钻等做研究的工具；牛顿是以木、石、自然资料来研究天文学，像现在已经把太阳系都弄清楚了。前几天报上宣传英国天文台要与火星通讯，像这样的造就实在可怕的。十八、十九世纪时候，西方学者才开始研究校勘学，瑞典的加礼文他专攻校勘学，曾经编成《中国文字分析字典》。像他这个洋鬼子不过研究四五年，而竟达到中国有三百年历史的校勘学成绩。加礼文说道：“你们只在文字方面做工夫，不肯到汉口、广东、高丽、日本等地方实际考查文字的土音以为证明；要找出各种的读法应当要到北京、宁波等地去。”这可证明探求学问方法完全是经验的，要实地调查的。顾亭林费许多时间而所得到的很少，而结果走错了路。

刚才杨教务长问我怎样医治“浪漫病”？我回答他说：浪漫的病症在哪里？我以为浪漫病或者就是“懒病”。你们都是青年的，都还不到壮年时期，而我们已是“老狗教不成新把戏”了。现在我们无论走那条路，都是要研究微积分、生物学、天文学、物理学。我们要多做些实验工夫，要跟着西洋人走进实验室去。至于考据方面就要让我们老朽昏庸的人去做。黎汶豪的显微镜实在比妖怪还厉害，这是用无穷时间与时时刻刻找真理所得的结果。十九世纪时候，法国化学师柏士多（Pasteur）在显微镜下面发现很可怕的微生物。他并且感受疯狗的厉害，便研究疯狗起来。后来从狗嘴的涎沫里及脑髓中去探究，方知道是细菌在作祟，神经系中有毒。他把狗骨髓取出风干经过十三四天之久，就把它制成注射药水，可以治好给疯狗咬着的人。但是当时没有胆量就注射在人身上，只先在别的动物身上试验看看。在那时候很凑巧一位老太婆的儿子给狗咬伤，去请医生以活马当作死马医治，果然给他治好了。还有一位俄人，他给狼咬着他，就发明打针方法。法国酒的病，蚕的病亦给显微镜找出来了；欧洲羊的病，德国库舒（Koch）应用药水力量把羊医好。像蚕病、醋病与酒病治好后，实在每年给法国省下来几千万的法郎。普法战争后法国赔款有五十万万之巨额。然而英国哈维（Harvey）尝说：柏士多以一支玻璃管和一具显微镜，已把法国赔款都付清了。懒的人实在没有懂得学问的兴趣。学问本来是干燥东西，而正确方法是建筑在正确材料上的，像西方的牛顿那样的正确。我们中国要研究有结果，最要紧的是要到自然界去，找自然材料。做文学的更要到民间去，到家庭里去找活材料。我是喜欢谈谈：大家都是年富力强，应该要打破和消灭懒病。还要连带说一说“六〇六”药水，是德国医生 Erlich 发明的，用以杀杨梅疮的微菌，这位先生他用化学方法，经过八年六百零六次的试验研究而成功的。我们研究学问，要有材料和方法，要不懒，要坚韧不拔的努力；那么，“浪漫病”就可以打破了。

赠与今年的大学毕业生

这一两个星期里，各地的大学都有毕业的班次，都有很多的毕业生离开学校去开始他们的成人事业。学生的生活是一种享有特殊优待的生活，不妨幼稚一点，不妨吵吵闹闹，社会都能纵容他们，不肯严格的要他们负行为的责任。现在他们要撑起自己的肩膀来挑他们自己的担子了。在这个国难最紧急的年头，他们的担子真不轻！我们祝他们的成功，同时也不忍不依据我们自己的经验，赠与他们几句送行的赠言——虽未必是救命毫毛，也许作个防身的锦囊罢！

你们毕业之后，可走的路不出这几条：绝少数的人还可以在国内或国外的研究院继续作学术研究；少数的人可以寻着相当的职业；此外还有做官，办党，革命三条路；此外就是在家享福或者失业闲居了。第一条继续求学之路，我们可以不讨论。走其余几条路的人，都不能没有堕落的危险。堕落的方式很多，总括起来，约有这两大类：

第一是容易抛弃学生时代的求知识的欲望。你们到了实际社会里，往往所用非所学，往往所学全无用处，往往可以完全用不着学问，而一样可以胡乱混饭吃，混官做。在这种环境里，即使向来抱有求知识学问的决心的人，也不免心灰意懒，把求知的欲望渐渐冷淡下去。况且学问是要有相当的设备的；书籍，实验室，师友的切磋指导，闲暇的工夫，都不是一个平常要糊口养家的人所能容易办到的。没有做学问的环境，又谁能怪我们抛弃学问呢？

第二是容易抛弃学生时代的理想的人生的追求。少年人初次与冷酷的社会接触，容易感觉理想与事实相去太远，容易发生悲观和失望。多年怀抱的人生理想，改造的热诚，奋斗的勇气，到此时候，好像全不是那么一回事。渺小的个人在那强烈的社会炉火里，往往经不起长时期的烤炼就熔化了，一点高尚的理想不久就幻灭了。抱着改造社会的梦想而来，往往是弃甲曳兵而走，或者做了恶势力的俘虏。你在那俘虏牢狱里，回想那少年气壮时代的种种理想主义，好像都成了自误误人的迷梦！从此以后，你就甘心放弃理想人生的追求，甘心做现成社会的顺民了。

要防御这两方面的堕落，一面要保持我们求知识的欲望，一面要保持我们对于理想人生的追求。有什么好法子呢？依我个人的观察和经验，有三种防身的药方是值得一试的。

第一个方子只有一句话："总得时时寻一两个值得研究的问题！"问题是知识学问的老祖宗；古往今来一切知识的产生与积聚，都是因为要解答问题——要解答实用上的困难或理论上的疑难。所谓"为知识而求知识"，其实也只是一种好奇心追求某种问题的解答，不过因为那种问题的性质不必是直接应用的，人们就觉得这是"无所为"的求知识了。我们出学校之后，离开了做学问的环境，如果没有一个两个值得解答的疑难问题在脑子里盘旋，就很难继续保持追求学问的热心。可是，如果你有了一个真有趣的问题天天逗你去想他，天天引诱你去解决他，天天对你挑衅笑你无可奈何他——这时候，你就会同恋爱一个女子发了疯一样，坐也坐不下，睡也睡不安，没工夫也得偷出工夫去陪她，没钱也得撙衣节食去巴结她。没有书，你自会变卖家私去买书；没有仪器，你自会典押衣服去置办仪器；没有师友，你自会不远千里去寻师访友。你只要能时时有疑难问题来逼你用脑子，你自然会保持发展你对学问的兴趣，即使在最贫乏的智识环境中，你也会慢慢的聚起一个小图书馆来，或者设置起一所小试验室来。所以我说：第一要寻问题。脑子里没有问题之日，就是你的智识生活寿终正寝之时！古人说，"待文王而兴者，凡民也。若夫豪杰之士，虽无文王犹兴。"试想伽利略（Galileo）和牛顿（Newton）有多少藏书？有多少仪器？他们不过是有问题而已。有了问题而后，他们自会造出仪器来解答他们的问题。没有问题的人们，关在图书馆里也不会用书，锁在试验室里也不会有什么发现。

第二个方子也只有一句话："总得多发展一点非职业的兴趣。"离开学校之后，大家总得寻个吃饭的职业。可是你寻得的职业未必就是你所学的，或者未必是你所心喜的，或者是你所学而实在和你的性情不相近的。在这种状况之下，工作就往往成了苦工，就不感觉兴趣了。为糊口而作那种非“性之所近而力之所能勉”的工作，就很难保持求知的兴趣和生活的理想主义。最好的救济方法只有多多发展职业以外的正当兴趣与活动。一个人应该有他的职业，又应该有他的非职业的玩意儿，可以叫做业余活动。凡一个人用他的闲暇来做的事业，都是他的业余活动。往往他的业余活动比他的职业还更重要，因为一个人的前程往往全靠他怎样用他的闲暇时间。他用他的闲暇来打麻将，他就成个赌徒；你用你的闲暇来做社会服务，你也许成个社会改革者；或者你用你的闲暇去研究历史，你也许成个史学家。你的闲暇往往定你的终身。英国十九世纪的两个哲人，弥儿（J.S.Mill）终身做东印度公司的秘书，然而他的业余工作使他在哲学上，经济学上，政治思想史上都占一个很高的位置；斯宾塞（Spencer）是一个测量工程师，然而他的业余工作使他成为前世纪晚期世界思想界的一个重镇。古来成大学问的人，几乎没有一个不是善用他的闲暇时间的。特别在这个组织不健全的中国社会，职业不容易适合我们的性情，我们要想生活不苦痛或不堕落，只有多方发展业余的兴趣，使我们的精神有所寄托，使我们的剩余精力有所施展。有了这种心爱的玩意儿，你就做六个钟头的抹桌子工夫也不会感觉烦闷了，因为你知道，抹了六个钟的桌子之后，你可以回家去做你的化学研究，或画完你的大幅山水，或写你的小说戏曲，或继续你的历史考据，或做你的社会改革事业。你有了这种称心如意的活动，生活就不枯寂了，精神也就不会烦闷了。

第三个方子也只有一句话：“你总得有一点信心。”我们生当这个不幸的时代，眼中所见，耳中所闻，无非是叫我们悲观失望的。特别是在这个年头毕业的你们，眼见自己的国家民族沉沦到这步田地，眼看世界只是强权的世界，望极天边好像看不见一线的光明——在这个年头不发狂自杀，已算是万幸了，怎么还能够希望保持一点内心的镇定和理想的信任呢？我要对你们说：这时候正是我们要培养我们的信心的时候！只要我们有信心，我们还有救。古人说："信心（Faith）可以移山。"又说："只要工夫深，生铁磨成绣花针。"你不信吗？当拿破仑的军队征服普鲁士占据柏林的时候，有一位穷教授叫做菲希特（Fichte）的，天天在讲堂上劝他的国人要有信心，要信仰他们的民族是有世界的特殊使命的，是必定要复兴的。菲希特死的时候（1814），谁也不能预料德意志统一帝国何时可以实现。然而不满五十年，新的统一的德意志帝国居然实现了。

一个国家的强弱盛衰，都不是偶然的，都不能逃出因果的铁律的。我们今日所受的苦痛和耻辱，都只是过去种种恶因种下的恶果。我们要收将来的善果，必须努力种现在的新因。一粒一粒的种，必有满仓满屋的收，这是我们今日应该有的信心。

我们要深信：今日的失败，都由于过去的不努力。

我们要深信：今日的努力，必定有将来的大收成。

佛典里有一句话："福不唐捐。"唐捐就是白白的丢了。我们也应该说："功不唐捐！"没有一点努力是会白白的丢了的。在我们看不见想不到的时候，在我们看不见想不到的方向，你瞧！你下的种子早已生根发叶开花结果了！

你不信吗？法国被普鲁士打败之后，割了两省地，赔了五十万万佛朗[①]的赔款。这时候有一位刻苦的科学家巴斯德（Pasteur）终日埋头在他的试验室里做他的化学试验和微菌学研究。他是一个最爱国的人，然而他深信只有科学可以救国。他用一生的精力证明了三个科学问题：（1）每一种发酵作用都是由于一种微菌的发展；（2）每一种传染病都是由于一种微菌在生物体中的发展；（3）传染病的微菌，在特殊的培养之下，可以减轻毒力，使它从病菌变成防病的药苗。——这三个问题，在表面上似乎都和救国大事业没有多大的关系。然而从第

①佛朗即法郎。

一个问题的证明，巴斯德定出做醋酿酒的新法，使全国的酒醋业每年减除极大的损失。从第二个问题的证明，巴斯德教全国的蚕丝业怎样选种防病，教全国的畜牧农家怎样防止牛羊瘟疫，又教全世界的医学界怎样注重消毒以灭除外科手术的死亡率。从第三个问题的证明，巴斯德发明了牲畜的脾热瘟的疗治药苗，每年替法国农家减除了二千万佛朗的大损失；又发明了疯狗咬毒的治疗法，救济了无数的生命。所以英国的科学家赫胥黎（Huxley）在皇家学会里称颂巴斯德的功绩道："法国给了德国五十万万佛朗的赔款，巴斯德先生一个人研究科学的成绩足够还清这一笔赔款了。"

巴斯德对于科学有绝大的信心，所以他在国家蒙奇辱大难的时候，终不肯抛弃他的显微镜与试验室。他绝不想他的显微镜底下能偿还五十万万佛朗的赔款，然而在他看不见想不到的时候，他已收获了科学救国的奇迹了。

朋友们，在你最悲观最失望的时候，那正是你必须鼓起坚强的信心的时候。你要深信：天下没有白费的努力。成功不必在我，而功力必不唐捐。

二十一，六，二十七夜

一个问题

我到北京不到两个月。这一天我在中央公园里吃冰，几位同来的朋友先散了；我独自坐着，翻开几张报纸看看，只见满纸都是讨伐西南和召集新国会的话。我懒得看那些疯话，丢开报纸，抬起头来，看见前面来了一男一女，男的抱着一个小孩子，女的手里牵着一个三四岁的孩子。我觉得那男的好生面善，仔细打量他，见他穿一件很旧的官纱长衫，面上很有老态，背脊微有点弯，因为抱着孩子，更显出曲背的样子。他看见我，也仔细打量。我不敢招呼，他们就过去了。走过去几步，他把小孩子交给那女的，他重又回来，问我道："你不是小山吗？"我说："正是。你不是朱子平吗？我几乎不敢认你了！"他说："我是子平，我们八九年不见，你还是壮年，我竟成了老人了，怪不得你不敢招呼我。"

我招呼他坐下，他不肯坐，说他一家人都在后面坐久了，要回去预备晚饭了。我说："你现在是儿女满前的福人了。怪不得要自称老人了。"他叹口气，说，"你看我狼狈到这个样子，还要取笑我？我上个月见着伯安、仲实弟兄们，才知道你今年回国。你是学哲学的人，我有个问题要来请教你，我问过多少人，他们都说我有神经病，不大理会我。你把住址告诉我，我明天来看你。今天来不及谈了。"

我把住址告诉了他，他匆匆的赶上他的妻子，接过小孩子，一同出去了。

我望着他们出去，心里想道：朱子平当初在我们同学里面，要算一个很有豪气的人，怎么现在弄得这样潦倒？看他见了一个多年不见的老同学，一开口就有什么问题请教，怪不得人说他有神经病。但不知他因为潦倒了才有神经病呢？还是因为有了神经病所以潦倒呢？……

第二天一大早，他果然来了。他比我只大得一岁，今年三十岁。但是他头上已有许多白发了。外面人看来，他至少要比我大十几岁。

他还没有坐定，就说："小山，我要请教你一个问题。"

我问他什么问题，他说："我这几年以来，差不多没有一天不问自己道：人生在世，究竟是为什么的？我想了几年，越想越想不通。朋友之中也没有人能回答这个问题。起先他们给我一个'哲学家'的绰号，后来他们竟叫我做朱疯子了！小山，你是见多识广的人，请你告诉我，人生在世，究竟是为什么的？"

我说："子平，这个问题是没有答案的。现在的人最怕的是有人问他这个问题。得意的人听着这个问题就要扫兴，不得意的人想着这个问题就要发狂。他们是聪明人，不愿意扫兴，更不愿意发狂，所以给你一个疯子的绰号，就算完了。——我要问你，你为什么想到这个问题上去呢？”

他说：“这话说来很长，只怕你不爱听。”

我说我最爱听。他叹了一口气，点着一根纸烟，慢慢的说。以下都是他的话。

我们离开高等学堂那一年，你到英国去了，我回到家乡，生了一场大病，足足的病了十八个月。病好了，便是辛亥革命，把我家在汉口的店业就光复掉了。家里生计渐渐困难，我不能不出来谋事。那时伯安、石生一班老同学都在北京，我写信给他们，托他们寻点事做。后来他们写信给我，说从前高等学堂的老师陈老先生答应要我去教他的孙子。我到北京，就住在陈家。陈老先生在大学堂教书，又担任女子师范的国文，一个月拿的钱很多，但是他的两个儿子都不成器，老头子气得很，发愤要教育他几个孙子成人。但是他一个人教两处书，哪有工夫教小孩子？你知道我同伯安都是他的得意学生，所以他叫我去，给我二十块钱一个月，住的房子，吃的饭，都是他的，总算他老先生的一番好意。

过了半年，他对我说，要替我做媒。说的是他一位同年的女儿，现在女子师范读书，快要毕业了。那女子我也见过一两次，人倒很朴素稳重。但是我一个月拿人家二十块钱，如何养得起家小？我把这个意思回复他，谢他的好意。老先生有点不高兴，当时也没说什么。过了几天，他请了伯安、仲实弟兄到他家，要他们劝我就这门亲事。他说，“子平的家事，我是晓得的。他家三代单传，嗣续的事不能再缓了。二十多岁的少年，那里怕没有事做？还怕养不活老婆吗？我替他做媒的这头亲事是再好也没有的。女的今年就毕业，毕业后还可在本京蒙养院教书，我已经替他介绍好了。蒙养院的钱虽不多，也可以贴补一点家用。他再要怕不够时，我把女学堂的三十块钱让他去教。我老了，大学堂一处也够我忙了。你们看我这个媒人总可算是竭力报效了。”

伯安弟兄把这番话对我说，你想我如何能再推辞。我只好写信告诉家母。家母回信，也说了许多“三代单传，不孝有三，无后为大”的话。又说，“陈老师这番好意，你稍有人心，应该感激图报，岂可不识抬举？”

我看了信，晓得家母这几年因为我不肯娶亲，心里很不高兴，这一次不过是借题发点牢骚。我仔细一想，觉得做了中国人，老婆是不能不讨的，只好将就点罢。

我去找到伯安、仲实，说我答应订定这头亲事，但是我现在没有积蓄，须过一两年再结婚。

他们去见老先生，老先生说：“女孩子今年二十三岁了，他父亲很想早点嫁了女儿，好替他小儿子娶媳妇。你们去对子平说，叫他等女的毕业了就结婚。仪节简单一点，不费什么钱。他要用木器家具，我这里有用不着的，他可以搬去用。我们再替他邀一个公份，也就可以够用了。”

他们来对我说，我没有话可驳回，只好答应了。过了三个月，我租了一所小屋，预备成亲。老先生果然送了一些破烂家具，我自己添置了一点。伯安、石生一些人发起一个公份，送了我六十多块钱的贺仪，只够我替女家做了两套衣服，就完了。结婚的时候，我还借了好几十块钱，才勉强把婚事办了。

结婚的生活，你还不曾经过。我老实对你说，新婚的第一年，的确是很有乐趣的生活。我的内人，人极温和，她晓得我的艰苦，我们从不肯乱花一个钱。我们只用一个老妈，白天我上陈家教书，下午到女师范教书，她到蒙养院教书。晚上回家，我们自己做两样家乡小菜，吃了晚饭，闲谈一会，我改我的卷子，她陪我坐着做点针线。我有时做点文字卖给报馆，有时写到夜深才睡。她怕我身体过劳，每晚到了十二点钟，她把我的墨盒纸笔都收了去，吹灭了灯，不许我再写了。

小山，这种生活，确有一种乐趣。但是不到七八个月，我的内人就病了，呕吐得很厉害。我们猜是喜信，请医生来看，医生说八成是有喜。我连忙写信回家，好叫家母欢喜。老人家果然欢喜得很，托人写信来说了许多孕妇保重身体的法子，还做了许多小孩的衣服小帽寄来。

产期将近了。她不能上课，请了一位同学代她。我添雇了一个老妈子，还要准备许多临产的需要品。好容易生下一个男孩子来。产后内人身体不好，乳水不够，不能不雇奶妈。一家凭空减少了每月十几块钱的进账，倒添上了几口人吃饭拿工钱。家庭的担负就很不容易了。

过了几个月，内人身体复原了，依旧去上课，但是记挂着小孩子，觉得很不方便。看十几块钱的面上，只得忍着心肠做去。

不料陈老先生忽然得了中风的病，一起病就不能说话，不久就死了。他那两个宝贝儿子，把老头子的一点存款都瓜分了，还要赶回家去分田产，把我的三个小学生都带回去了。

我少了二十块钱的进款，正想寻事做，忽然女学堂的校长又换了人，第二年开学时，他不曾送聘书来，我托熟人去说，他说我的议论太偏僻了，不便在女学堂教书。我生了气，也不曾再去求他了。

伯安那时做众议院的议员，在国会里颇出点风头。我托他设法。他托陈老先生的朋友把我荐到大学堂去当一个事务员，一个月拿三十块钱。

我们只好自己刻苦一点，把奶妈和那添雇的老妈子辞了。每月只吃三四次肉。有人请我吃酒，我都辞了不去，因为吃了人的，不能不回请。戏园里是四年多不曾去过了。

但是无论我们怎样节省，总是不够用。过了一年又添了一个孩子。这回我的内人自己给他奶吃，不雇奶妈了。但是自己的乳水不够，我们用开成公司的豆腐浆代他，小孩子不肯吃，不到一岁就殇掉了。内人哭的什么似的。我想起孩子之死全系因为雇不起奶妈，内人又过于省俭，不肯吃点滋养的东西，所以乳水更不够。我看见内人伤心，我心里实在难过。

后来时局一年坏似一年，我的光景也一年更紧似一年。内人因为身体不好，辍课太多，蒙养院的当局颇说嫌话，内人也有点拗性，索性辞职出来。想找别的事做，一时竟寻不着。北京这个地方，你想寻一个三百五百的阔差使，反不费力。要是你想寻二三十块钱一个月的小事，那就比登天还难。到了中、交两行停止兑现的时候，我那每月三十块钱的票子更不够用了。票子的价值越缩下去，我的大孩子吃饭的本事越大起来。去年冬天，又生了一个女孩子，就是昨天你看见我抱着的。我托了伯安去见大学校长，请他加我的薪水，校长晓得我做事认真，加了我十块钱票子，共是四十块，打个七折，四七二十八，你替我算算，房租每月六块，伙食十五块，老妈工钱两块，已是二十三块钱了。剩下五块大钱，每天只派着一角六分大洋做零用钱。做衣服的钱都没有，不要说看报买书了。大学图书馆里虽然有书有报，但是我一天忙到晚，公事一完，又要赶回家来帮内人照应小孩子，哪里有工夫看书阅报？晚上我腾出一点工夫做点小说，想赚几个钱。我的内人向来不许我写过十二点钟的，于今也不来管我了。她晓得我们现在所处的境地，非寻两个外快钱不能过日子，所以只好由我写到两三点钟才睡。但是现在卖文的人多了，我又没有工夫看书，全靠绞脑子，挖心血，没有接济思想的来源，做的东西又都是百忙里偷闲潦草做的，那里会有好东西？所以往往卖不起价钱，有时原稿退回，我又修改一点，寄给别家。前天好容易卖了一篇小说，拿着五块钱，所以昨天全家去逛中央公园，去年我们竟不曾去过。

我每天五点钟起来——冬天六点半起来——午饭后靠着桌子偷睡半个钟头，一直忙到夜深半夜后。忙的是什么呢？我要吃饭，老婆要吃饭，还要喂小孩子吃饭——所忙的不过为了这一件事！

我每天上大学去，从大学回来，都是步行。这就是我的体操，不但可以省钱，还可给我一点用思想的时间，使我可以想小说的布局，可以想到人生的问题。有一天，我的内人的姊夫从南边来，我想请他上一回馆子，家里恰没有钱，我去问同事借，那几位同事也都是和我不相上下的穷鬼，那有钱借人？我空着手走回家，路上自思自想，忽然想到一个大问题，就是“人生在世，究竟是为什么的？”……我一头想，一头走，想入了迷，就站在北河沿一棵柳树下，望着水里的树影子，足足站了两个钟头。等到我醒过来走回家时，天已黑了，客人已走了半天了！

自从那一天到现在，几乎没有一天我不想到这个问题。有时候，我从睡梦里喊着“人生在世，究竟是为什么的？”

小山，你是学哲学的人。像我这样养老婆，喂小孩子，就算做了一世的人吗？……

民国八年

一个防身药方的三味药

毕业班的诸位同学，现在都得离开学校去开始你们自己的事业了，今天的典礼，我们叫作“毕业”，叫作“卒业”，在英文里叫作“始业”（Commencement），你们的学校生活现在有一个结束，现在你们开始进入一段新的生活，开始撑起自己的肩膀来挑自己的担子，所以叫作“始业”。

我今天承毕业班同学的好意，承阎校长的好意，要我来说几句话，我进大学是在五十年前（1910），我毕业是在四十六年前（1914），够得上做你们的老大哥了，今天我用老大哥的资格，应该送你们一点小礼物，我要送你们的小礼物只是一个防身的药方，给你们离开校门，进入大世界，作随时防身救急之用的一个药方。

这个防身药方只有三味药：

第一味药叫做“问题丹”。

第二味药叫做“兴趣散”。

第三味药叫做“信心汤”。

第一味药，“问题丹”，就是说：每个人离开学校，总得带一两个麻烦而有趣味的问题在身边作伴，这是你们入世的第一要紧的救命宝丹。

问题是一切知识学问的来源，活的学问、活的知识，都是为了解答实际上的困难，或理论上的困难而得来的。年轻入世的时候，总得有一个两个不大容易解决的问题在脑子里，时时向你挑战，时时笑你不能对付他，不能奈何他，时时引诱你去想他。

只要你有问题跟着你，你就不会懒惰了，你就会继续有智识上的长进了。

学堂里的书，你带不走；仪器，你带不走；先生，他们不能跟你去，但是问题可以跟你走到天边！有了问题，没有书，你自会省吃省穿去买书；没有仪器，你自会卖田卖地去买仪器！没有好先生，你自会去找好师友；没有资料，你自会上天下地去找资料。

各位青年朋友，你今天离开学校，夹袋里准备了几个问题跟着你走？

第二味药，叫做“兴趣散”，这就是说：每个人进入社会，总得多发展一点专门职业以外的兴趣——“业余”的兴趣。

你们多数是学工程的，当然不愁找不到吃饭的职业，但四年前你们选择的专门职业，真是你们自己的自由志愿吗？你们现在还感觉你们手里的文凭真可以代表你们每个人终身的志愿，终身的兴趣吗？——换句话说，你们今天不懊悔吗？明年今天还不会懊悔吗？

你们在这四年里，没有发现什么新的，业余的兴趣吗？在这四年里，没有发现自己在本行以外的才能吗？

总而言之，一个人应该有他的职业，又应该有他的非职业的玩意儿。不是为吃饭而是心里喜欢做的，用闲暇时间做的——这种非职业的玩意儿，可以使他的生活更有趣，更快乐，更有意思，有时候，一个人的业余活动也许比他的职业还更重要。

英国十九世纪的两个哲学家，一个是弥尔（J.S.Mill），他的职业是东印度公司的秘书，他的业余工作使他在哲学上、经济学上、政治思想史上，都有很大的贡献。一个是斯宾塞（Herbert Spencer），他是一个测量工程师，他的业余工作使他成为一个很有势力的思想家。

英国的大政治家邱吉尔[①]，政治是他的终身职业，但他的业余兴趣很多，他在文学、历史，两方面，都有大成就；他用余力作油画，成绩也很好。

今天到自由中国的贵宾，美国大总统艾森豪[②]先生，他的终身职业是军事，人都知道他最爱打高尔夫球，但我们知道他的油画也很有工夫。

各位青年朋友，你们的专门职业是不用愁的了，你们的业余兴趣是什么？你们能做的，爱做的业余活动是什么？

第三味药，我叫他做“信心汤”，这就是说：你总得有一点信心。

我们生存在这个年头，看见的、听见的，往往都是可以叫我们悲观、失望的——有时候竟可以叫我们伤心，叫我们发疯。

这个时代，正是我们要培养我们的信心的时候，没有信心，我们真要发狂自杀了。

我们的信心只有一句话：“努力不会白费”，没有一点努力是没有结果的。

对你们学工程的青年人，我还用多举例来说明这种信心吗？工程师的人生哲学当然建筑在“努力不白费”的定律的基石之上。

我只举这短短几十年里大家都知道的两个例子：

---

①今译为“丘吉尔”。

②此处指美国第34任总统（1953年-1961年在任），艾森豪威尔。

一个是亨利福特（Henry Ford），这个人没有受过大学教育，他小时半工半读，只读了几年书，十六岁就在一小机器店里做工，每周工钱两块半美金，晚上还得去帮别家做夜工。

五十七年前（1903）他三十九岁，他创立Ford Motor Co.（福特汽车公司），原定资本十万元，只招得两万八千元。

五年之后（1908），他造成了他的最出名的model T汽车，用全力制造这一种车子。

1913年——我已在大学三年级了，福特先生创立他的第一副“装配线”（Assembly line）。

1914年——四十六年前——他就能够完全用“装配线”的原理来制造他的汽车了。同时（1914）他宣布他的汽车工人每天只工作八点钟，比别处工人少一点钟——而每天最低工钱五元美金，比别人多一倍。

他的汽车开始是九百五十元一部，他逐年减低卖价，从九百五十元直减到三百六十元——第一次世界大战之后，减到二百九十元一部。

他的公司，在创办时（1903）只有两万八千元的资本——到二十三年之后（1926）已值得十亿美金了！已成了全世界最大的汽车公司了。1915年，他造了一百万部汽车；1928年，他造了一千五百万部车。

他的“装配线”的原则在二十年里造成了全世界的“工业新革命”。

福特的汽车在五十年中征服全世界的历史还不能叫我们发生“努力不白费”的信心吗？

第二个例子是航空工程与航空工业的历史。

也是五十七年前——1903年12月17日，正是我十二整岁的生日——那一天，在北加罗林那州的海边Kitty Hawk（基帝霍克）沙滩上，两个修理脚踏车的匠人，兄弟两人，用他们自己制造的一只飞机，在沙滩上试起飞，弟弟叫Owille Wright，他飞起了十二秒钟。哥哥叫Wilbur Wright，他飞起了五十九秒钟。

那是人类制造飞机飞在空中的第一次成功——现在那一天（12 月 17 日）是全美国庆祝的“航空日”——但当时并没有人注意到那两个弟兄的试验，但这两个没有受过大学教育的脚踏车修理匠人，他们并不失望，他们继续试飞，继续改良他们的飞机，一直到四年半之后（1908 年 5 月）才有重要的报纸来报导那两个人的试飞，那时候，他们已能在空中飞三十八分钟了！

这四十年中，航空工程的大发展，航空工业的大发展，这是你们学工程的人都知道的，航空工业在最近三十年里已成了世界最大工业的一种。

我第一次看见飞机是在 1912 年。我第一次坐飞机是在 1930 年（30 年前）。我第一次飞过太平洋是在二十三年前（1937）；第一次飞过大西洋是在十五年前（1945 年），当我第一次飞渡太平洋的时候，从香港到旧金山总共费了七天！去年我第一次坐 Jet 机，从旧金山到纽约，五个半钟点飞了三千英里！下月初，我又得飞过太平洋，当天中午起飞，当天晚上就到美国西岸了！

五十七年前，Kitty Hawk 沙滩上两个脚踏车修理匠人自造的一个飞机居然在空中飞起了十二秒钟，那十二秒钟的飞行就给人类打开了一个新的时代——打开了人类的航空时代。

这不够叫我们深信“努力不会白费”的人生观吗？

古人说：“信心可以移山”（Faith moves mountains），又说，“功不唐捐”（唐是空的意思），又说，“只要工夫深，生铁磨成绣花针。”

青年的朋友，你们有这种信心没有？

附录

附录一：胡适诗歌集摘录

蝴蝶

两个黄蝴蝶，双双飞上天。
不知为什么，一个忽飞还。
剩下那一个，孤单怪可怜；
也无心上天，天上太孤单。

五年八月二十三日

中秋

九月十一夜，为旧历八月十五夜。

小星躲尽大星少，
果然今夜清光多！
夜半月从江上过，
一江江水变银河。

江上

十一月一日大雾，追思夏间一景，因此成诗。

雨脚渡江来，
山头冲雾出。
雨过雾亦收，
江楼看落日。

景不徙篇

《墨经》云，“景不徙，说在改为”。说曰，“景。光至景亡。若在，尽古息”。《庄子·天下》篇云，“飞鸟之影未尝动也”。此言影已改为而后影已非前影。前影虽不可见而实未尝动移也。

飞鸟过江来，投影在江水。
鸟逝水长流，此影何尝徙？

风过镜平湖，湖面生轻绉。
湖更镜平时，毕竟难如旧。

为他起一念，十年终不改。
有召即重来，若亡而实在。

六年三月六日

百字令

六年七月三夜，太平洋舟中，见月，有怀。

几天风雾，险些儿把月圆时辜负。待得他来，又还被如许浮云遮住！多谢天风，吹开明月，万顷银波怒！孤舟载月，海天冲浪西去！

念我多少故人，如今都在明月飞来处。别后相思如此月，绕遍地球无数！几颗疏星，长天空阔，有湿衣凉露。低头自语："吾乡真在何许？"

一念

我笑你绕太阳的地球，一日夜只打得一个回旋；
我笑你绕地球的月亮，总不会永远团圆；
我笑你千千万万大大小小的星球，总跳不出自己的轨道线；
我笑你一秒钟行五十万里的无线电，总比不上我区区的心头
　　一念！
我这心头一念：
才从竹竿巷，忽到竹竿尖；
忽在赫贞江上，忽在凯约湖边；
我若真个害刻骨的相思，便一分钟绕遍地球三千万转！

看花

院子里开着两朵玉兰花，三朵月季花；
红的花，紫的花，衬着绿叶，映着日光，怪可爱的。
没人看花，花还是可爱；但是我看花，花也好像更高兴了。

我不看花，也不怎么；但我看花时，我也更高兴了。

还是我因为见了花高兴，故觉得花也高兴呢？

还是因为花见了我高兴，故我也高兴呢？

七年五月

希望

要是天公换了卿和我，

该把这糊涂世界一齐都打破，

要再磨再炼再调和，

好依着你我的安排，把世界重新造过！

八年二月二十八日译英人 Fitzgerald 所译波斯诗人 Omar Khayyam（d1123 A.D.）的 ***Rubaiyat***（绝句）诗第一百零八首。

Ah！ Love，could you and I with Him conspire

To grasp this Sorry Scheme of Things entire，

Would not we shatter it to bits and then

Remould it nearer to the Heart's Desire？

乐观

《每周评论》于八月三十日被封禁，国内的报纸很多替我们抱不平的。我做这首诗谢谢他们。

一

"这棵大树很可恶，

他碍着我的路！

来！

快把他斫倒了，
把树根也掘去。——
哈哈！好了！”

二

大树被斫做柴烧，
树根不久也烂完了。
斫树的人很得意，
他觉得很平安了。

三

但是那树还有许多种子，——
很小的种子，裹在有刺的壳儿里，——
上面盖着枯叶，
叶上堆着白雪，
很小的东西，谁也不注意。

四

雪消了，
枯叶被春风吹跑了。
那有刺的壳都裂开了，
每个上面长出两瓣嫩叶，
笑眯眯的好像是说：
“我们又来了！”

五

过了许多年，

坝上田边，都是大树了。
辛苦的工人，在树下乘凉；
聪明的小鸟，在树上歌唱，——
那斫树的人到哪里去了？

八年九月二十夜

一笑

十几年前，
一个人对我笑了一笑。
我当时不懂得什么，
只觉得他笑的很好。

那个人后来不知怎样了，
只是他那一笑还在：
我不但忘不了他，
还觉得他越久越可爱。
我借他做了许多情诗，
我替他想出种种境地：
有的人读了伤心，
有的人读了欢喜。

欢喜也罢，伤心也罢，
其实只是那一笑。
我也许不会再见着那笑的人，
但我很感谢他笑的真好。

九，八，一二

湖上

九，八，二四，夜游后湖——即玄武湖——主人王伯秋要我作诗，我竟做不出诗来，只好写一时所见，作了这首小诗。

水上一个萤火，
水里一个萤火，
平排着，
轻轻地，
打我们的船边飞过。
他们俩儿越飞越近，
渐渐地并作了一个。

艺术

报载英国第一"莎翁剧家"福北洛柏臣（Forbes-Robertson）（复姓）现在不登台了，他最后的《告别辞》说他自己做戏的秘诀只是一句话："我做戏要做的我自己充分愉快。"这句话不单可适用于做戏；一切艺术都是如此。病中无事，戏引申这话，做成一首诗。

我忍着一副眼泪，
扮演了几场苦戏，
一会儿替人伤心，
一会儿替人着急。

我是一个多情的人，
这副眼泪如何忍得？

做到了最伤心处，
我的眼泪热滚滚的直滴。

台下的人看见了，
不住的拍手叫好。
他们看他们的戏，
那懂得我的烦恼？

九，九，二二

水龙吟·绮色佳秋暮

无边橡紫榆黄，更青青映松无数。平生每道，一年佳景，莫如秋暮。倾倒天工，染渲秋色，清新如许。使词人憨绝，殷殷私祝：“秋无恙，秋常住！”凄怆都成虚愿。有西风任情相妒。萧飕木末，乱枫争坠，纷纷如雨。风卷平芜，浅黄新赭，一时飞舞。且徘徊，陌上溪头，黯黯看秋归去。

元年十一月初六日

附录二：胡适手稿

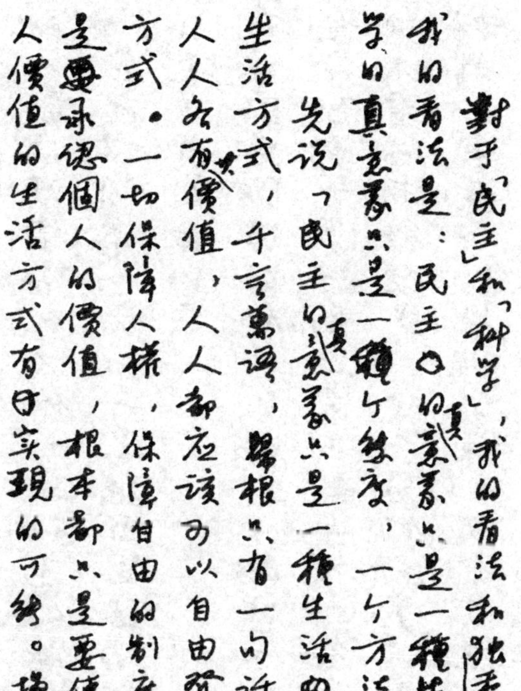

對于「民主」和「科学」，我的看法和独秀的看法不同。我的看法是：民主的真意義只是一種生活的方式，科学的真意義只是一个態度，一个方法。

先說「民主的真意義只是一種生活的方式」。民主的生活方式，千言萬語，歸根只有一句話，就是承認個人人各有其價值，人人都應該可以自由發展他的生活方式。一切保障人權，保障自由的制度，根本上都只是要承認個人的價值，根本都只是要使得那種承認個人價值的生活方式有可實現的可能。換句話說，民主

胡适手稿之一

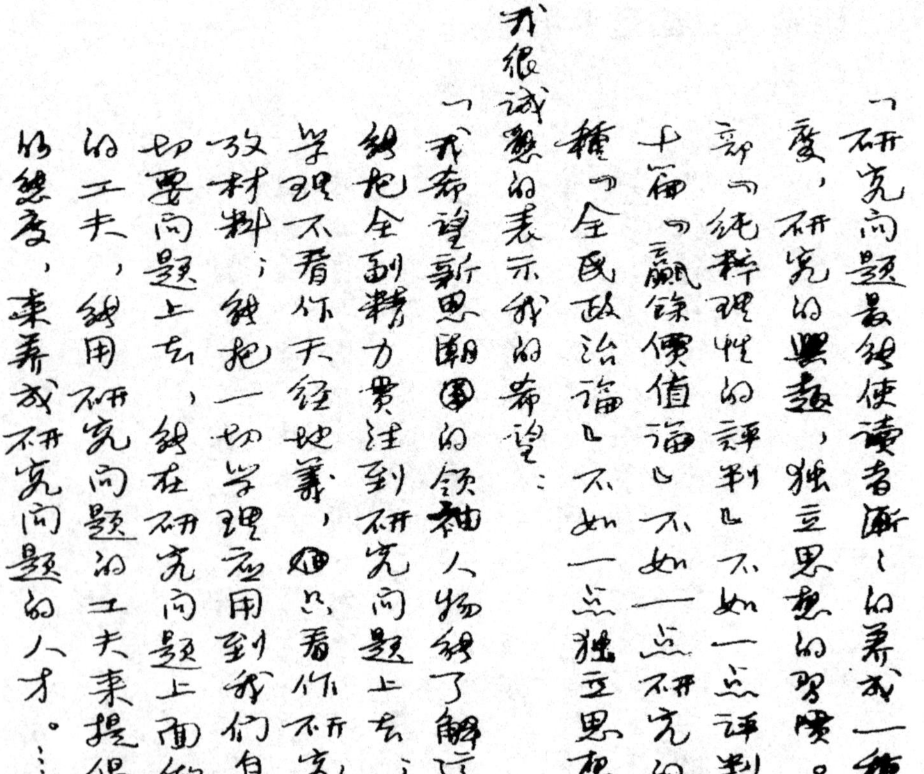
「研究问题最能使读者渐渐的养成一种评判的態度，研究的興趣，独立思想的习惯。〔輸入〕十部『纯粹理性的評判』不如一点評判的態度，十篇『赢餘價值論』不如一点研究的興趣，十種『全民政治論』不如一点独立思想的习惯。……

我很誠懇的表示我的希望：

「我希望新思潮的領袖人物能了解這个教訓，能把全副精力貫注到研究问题上去；能把一切学理不看作天经地义，但只看作研究问题的参考材料；能把一切学理应用到我们自己的种种切要问题上去，能在研究问题上面做输入学理的工夫，能用研究问题的工夫来提倡研究问题的態度，来养成研究问题的人才。……」

胡适手稿之二

民主的生活方式，在政治制度上的表现，好像是少數服從多數，其实他的最精采的一点是多數不抹煞少數，不敢不尊重少數，更不敢壓迫少數，毁滅少數。

其次，我要說明「科学只是一个方法」。科学不是堅甲利兵，飛機大砲，也不是声光，電，化。那些東西都是科学的生產品，並不是科学本身。科学本身只是一个方法，一个態度，一種精神。這个方法並不是西洋人單独发明的，乃是人類的常識加上了嚴格的制裁和訓練。赫胥黎（Thomas Henry Huxley）講科学的方法，曾叫他做「沙狄的方法」（The Method of Zadig）。沙狄是伏尔泰（Voltaire）小說裏一个古代巴

胡适手稿之三

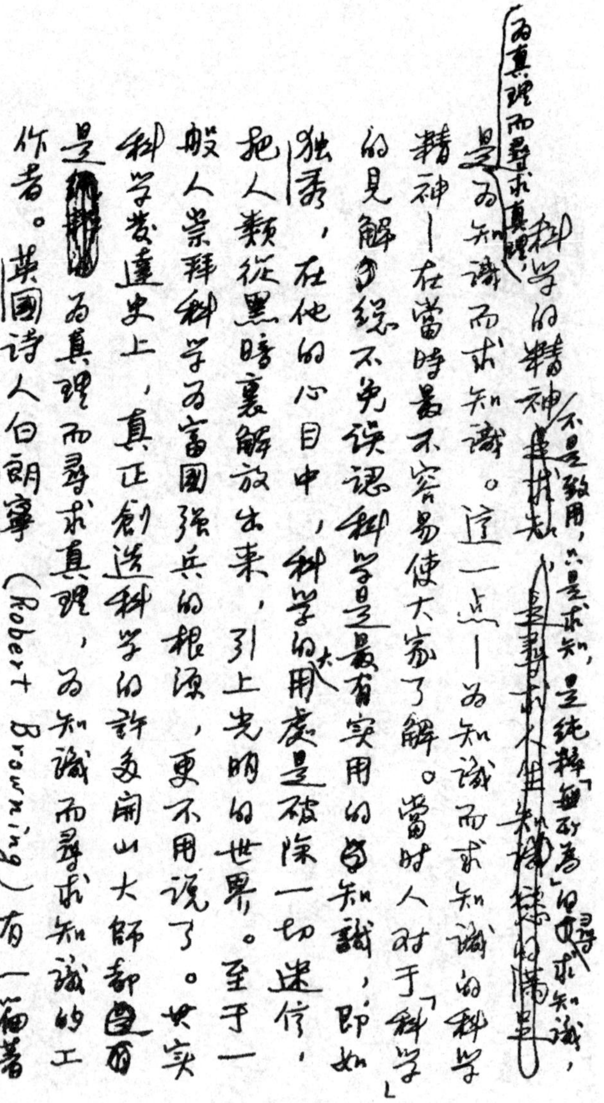

為真理而尋求真理，科學的精神不是致用，只是求知，是純粹「無所為」的尋求知識，是為知識而求知識。這一點——為知識而求知識的科學精神——在當時最不容易使大家了解。當時人对于「科学」的見解總不免误認科学是最有實用的知識，即如獨秀，在他的心目中，科学的大用處是破除一切迷信，把人類從黑暗裏解放出来，引上光明的世界。至于一般人崇拜科学為富國强兵的根源，更不用説了。其實科学發達史上，真正創造科学的許多開山大師都是是純粹為真理而尋求真理，為知識而尋求知識的工作者。英國诗人白朗寧（Robert Browning）有一篇著

胡适手稿之四